建筑面积新旧计算规范对照使用手册

文学红　主编

黄河水利出版社

内 容 提 要

本书以《建筑工程建筑面积计算规范》(GB/T 50353—2005)为线索(包括24条规范),按其规范的顺序,将规范中的每一条建筑面积计算规范条文与1982年国家经委基本建设办公室(82)印发的《建筑面积计算规则》和1995年建设部发布《全国统一建筑工程预算工程量计算规则》(土建工程 GJD_{GZ}—101—95)相对照,并在每条规范之后注有相应的条文说明和应用实例,使《建筑工程建筑面积计算规范》(GB/T 50353—2005),《全国统一建筑工程预算工程量计算规则》(土建工程 GJD_{GZ}—101—95),《建筑面积计算规则》(1982年)三份建筑面积计算规范融为一体,相互补充印证。

图书在版编目(CIP)数据

建筑面积新旧计算规范对照使用手册/文学红主编—郑州:黄河水利出版社,2008.5

ISBN 978-7-80734-421-6

Ⅰ.建… Ⅱ.文… Ⅲ.建筑面积—计算—规范—技术手册 Ⅳ.TU984.11-62

中国版本图书馆CIP数据核字(2008)第047900号

策划编辑:余甫坤 电话:0371-66024993 E-mail:yfk7300@126.com

出 版 社:黄河水利出版社

地址:河南省郑州市金水路11号 邮政编码:450003

发行单位:黄河水利出版社

发行部电话:0371-66026940 传真:0371-66022620

E-mail:hhslcbs@126.com

承印单位:黄河水利委员会印刷厂

开本:850mm×1168mm 1/32

印张:6.625

字数:164千字 印数:1-3 100

版次:2008年5月第1版 印次:2008年5月第1次印刷

定价:15.00元

本书编委会

主　　编　文学红

参编人员　张国栋　付慧艳　张路平　张玉花

　　　　　张清森　张国选　张国喜　左大红

前 言

建筑面积是一项重要的技术经济指标。在一定时期内完成建筑面积的多少,标志着一个国家工农业生产发展状况,人民生活居住条件的改善和文化生活福利设施发展的程度,有了建筑面积,才能计算出每平方米建筑工程造价用工、用料等技术经济指标,同时它也是计算某些分项工程量的基础。因此,建筑面积的计算对施工企业内部实行经济核算,投标报价编制施工组织设计,物资供应,计划、统计、计算工作都具有重要的意义。

为了使建筑预算工作人员更快更好地掌握新的建筑面积计算规则,我们特组织编写了此书。

由于作者水平有限,书中难免出现错误之处,望广大读者批评指正。

本书在编写过程中得到了许多同行的支持与帮助,借此表示感谢。由于编者水平有限和时间的限制,书中难免有错误和不妥之处,望广大读者批评指正。如有疑问,请登录www. gclqd. com(工程量清单计价网)或 www. jbjsys. com(基本建设预算网)或 www. jbjszj. com(基本建设造价网)或发邮件至 dlwhgs@ tom. com 与编者联系。

编　者

目 录

第一章　总　则

为规范工业与民用建筑工程的面积计算，统一计算方法，制定本规范。我国的建筑面积计算规则是在20世纪70年代依据前苏联的做法结合我国的情况制定的，1982年国家经委基本建设办公室（82）经基设字58号印发了《建筑面积计算规则》是对20世纪70年代制定的《建筑面积计算规则》的修订。1995年建设部发布《全国统一建筑工程预算工程量计算规则》（土建工程 GJD_{GZ}—101—95），其中含"建筑面积计算规则"（以下简称"原面积计算规则"），是对1982年的《建筑面积计算规则》的修订。

一直以来，《建筑面积计算规则》在建筑工程造价管理方面起着非常重要的作用，是建筑房屋计算工程量的主要指标，是计算单位工程每平方米预算造价的主要依据，是设计部门汇总发布房屋建筑面积完成情况的基础。目前建设部和国家质量技术监督局颁发的《房产测量规范》的房产面积计算，以及《住宅设计规范》中有关面积的计算，均依据的是《建筑面积计算规则》。随着我国建筑市场发展，建筑的新结构、新材料、新技术、新的施工方法层出不穷，为了解决建筑技术的发展产生的面积计算问题，使建筑面积的计算更加科学合理，完善和统一建筑面积的计算范围和计算方法，对建筑市场发挥更大的作用，因此对原《建筑面积计算规则》予以修订。考虑到《建筑面积计算规则》的重要作用，此次将修订的《建筑面积计算规则》改为《建筑工程建筑面积计算规范》。

本规范适用于新建、扩建、改建的工业与民用建筑工程的面积计算。包括工业厂房、仓库、公共建筑、居住建房、农业生产使用的房屋、粮种仓库、地铁车站等的建筑面积的计算。

建筑面积计算应遵循科学、合理的原则。

建筑面积计算除应遵循本规范,尚应符合国家现行的有关标准规范的规定。

目前,人们在感到住房紧张,购买房子非常慎重的环境下,建筑面积是其衡量的重要标准。可以见得,建筑面积的空间设计,充分利用,以及其大小都与我们的生活息息相关。它不仅要涉及到建筑物设计方案的选择,也与工程量计算有着密切的关系。

建筑面积是指房屋建筑各层水平面积相加后的总面积。它包括房屋建筑中的下列三大面积:

(1)房间使用面积(即直接为生产生活使用的净面积):如居住生活间、工作间和生产间等的净面积。

(2)建筑交通面积(即房屋的楼梯、走道等所占的净面积):如楼梯间、走道间、电梯井等所占面积。

(3)房屋结构占用面积(即房屋的内外墙、隔墙、垃圾道、通风道、烟囱等所占的面积):如墙体、垃圾道、通风道、室外楼梯所占面积。

它是根据施工平面布置图,按统一计算规则的规定计算出来的。总体概念是按房屋外墙的外边线或建筑物水平投影的外边线(如独立柱的站台、雨篷等)的长乘宽求得。

一幢房屋可按分层分段来计算,也可按其相同尺寸的形状来计算,但最后需累加合计即为该房屋的建筑面积。

建筑面积也是工程平面特征的几何参数,它具有两个方面的度量,以平方米为单位计算,它是评价设计方案、控制施

工进度及考核技术经济指标的一个重要数据。它的主要作用有以下几点:

(1)建筑面积是评价设计方案的依据。在评价工程设计方案时,通常要有占地面积、建筑密度、居住面积系数,以及单位面积、工程造价等指标,它们都与建筑面积密切相关,为准确评价设计方案,必须正确地计算建筑面积。

(2)建筑面积是编制工程概预算的依据。如确定每平方米造价、每平方米用工量、每平方米材料用量及建筑规划规模要求等都是以建筑面积为依据。在编制设计概算时,一般要根据建筑面积、建筑体积和结构特征等参数,查出概算定额或概算指标,编制出某工程设计概算书;在编制土建工程预算时,建筑面积是确定其他分部、分项工程量的基础数据。如平整场地、楼地面、综合脚手架和屋面工程等项目,都和建筑面积有直接关系。

(3)建筑面积是控制施工进度、竣工任务的重要指标。如已完工面积、竣工面积、在建面积等均是以建筑面积指标来表示的。

(4)建筑面积是审查评价建筑工程单位面积造价标准的主要衡量指标。如普通房屋要求每平方米500元左右,而高级房屋则要求每平方米1000元左右,不同档次的建筑,其造价标准要求也不一样。

(5)建筑面积是计算面积利用系数、简化部分工程量计算规则的基本数据。如使用面积系数、占地面积系数和计算室内回填土、楼地面工程量等都要借用建筑面积这个参数。

一般供人们生活居住、工作学习、娱乐和从事生产的建筑称为建筑物,如住宅、学校、办公楼、影剧院、体育馆等。所以,从本质上讲,建筑是一种人工创造的空间环境,是人们劳动创造的财富。建筑具有实用性,属于社会物质产品,建筑又具有艺术性,反映特定的社会思想意识,因此建筑学又是一种精神产品。

建筑物分类的方法很多,一般按以下四种情况分类:

1. 按使用功能分类

(1)民用建筑:指供人们工作、学习、生活、居住用的建筑物。

(2)居住建筑:如住宅、宿舍、公寓等。

(3)公共建筑:按性质不同又可分为14类:

①文教建筑:如教学楼、科学试验楼、图书馆、文化宫等。

②托幼建筑:如托儿所、幼儿园等。

③医疗卫生建筑:如医院、门诊所、卫生所、疗养院等。

④观演性建筑:如电影院、剧院、音乐厅、杂技厅等。

⑤体育建筑:如体育馆、游泳馆、高尔夫球场等。

⑥展览建筑:如展览馆、博物馆等。

⑦旅馆建筑:如宾馆、旅馆、招待所等。

⑧商业建筑:如商场、商店、专卖店等。

⑨电信、广播电台建筑:如邮电大楼、广播电台、电视台、国际卫星通讯站等。

⑩交通建筑:如公路客运站、铁路客运站、航空港、地铁站等。

⑪行政办公建筑:如机关、企事业单位的办公楼、档案馆等。

⑫金融建筑:如储蓄所、银行等。

⑬饮食建筑:如饭馆、饮食厅、餐厅等。

⑭园林建筑：如公园、小游园、动（植）物园等。

(4)工业建筑：指为工业生产服务的生产车间以及为生产服务的辅助车间、动力用房、仓贮等。

(5)农业建筑：指供农（牧）业生产和加工用的建筑，如种子库、温室、畜禽饲养场、农副产品加工厂、农机修理厂（站）等。

2. 按规模和数量分类

(1)大量性建筑：指建筑规模不大，但修建数量多，与人们生活密切相关的分布面广的建筑，如住宅、中小学教学楼、医院、中小型影剧院、中小型工厂等。广泛分布在大、中、小城市及村镇。

(2)大型性建筑：指规模大、耗资多的建筑，如大型体育馆、航空港、火车站、博物馆、大型工厂等，与大量性建筑相比，其修建数量是很有限的，这类建筑在一个国家或一个地区具有代表性，对城市面貌的影响也比较大。

3. 按建筑层数分类

(1)低层建筑：指 1 ~ 2 层的建筑。

(2)多层建筑：一般指 3 ~ 6 层的建筑。

(3)高层建筑：指超过一定高度和层数的多层建筑。世界上对高层建筑的界限，各国规定都不一致。中国 1995 年 11 月 1 日施行的《高层民用建筑设计防火规范》中规定，10 层和 10 层以上的居住建筑（包括首层设置商业服务网点的住宅），以及建筑高度超过 24m 的公共建筑为高层建筑。

1972 年国际高层建筑会议将高层建筑分为以下四类：

(1)低高层建筑：9 ~ 16 层，最高 50m。

(2)中高层建筑：17 ~ 25 层，最高 75m。

(3)高高层建筑：26 ~ 40 层，最高 100m。

(4)超高层建筑:40层以上,高于100m。

4.按承重结构的材料分类

(1)木结构建筑

指以木材作房屋承重骨架的建筑,我国古代建筑物大多采用木结构。木结构具有自重轻、构造简单、施工方便等优点。但木材易腐易燃,又因我国森林资源缺少,现已很少采用。

(2)砖(或石)结构建筑

指以砖或石材为承重墙柱和楼板的建筑。这种结构便于就地取材,能节约钢材、水泥和降低造价,但抗震性能差,自重大,不宜用于地震区和地基软弱的地方。

(3)钢筋混凝土结构建筑

指以钢筋混凝土作承重结构的建筑。具有坚固耐久、防水和可塑性强等优点,故应用广泛,发展前途大。

(4)钢结构建筑

指以型钢作为房屋承重骨架的建筑。钢结构力学性能好,便于制作和安装,结构自重轻,适宜在超高层和大跨度建筑中用。随着我国高层、大跨度建筑的发展,采用钢结构的趋势正在增长。

(5)混合结构建筑

指采用两种或两种以上材料作为承重结构的建筑。如有砖墙木楼板的砖木结构建筑,砖墙钢筋混凝土楼板的砖混结构建筑,钢屋架和混凝土墙(或柱)的钢混结构建筑。其中砖混结构在大量性建筑中应用最广泛,钢混结构多用于大跨度建筑,砖木结构在民居中多见,由于木材资源紧缺,故木结构现在很少采用。

建筑面积是一项重要的技术经济指标。在国民经济一定时期内,完成建筑工程建筑面积的多少,标志着一个国家的工农业生产发展状况、人民生活居住条件的改善程度和文化福利设施发展的程度。年度竣工建筑面积的多少,也是衡量和评价建筑承包商的重要指标。

有了建筑面积才能够计算出另外一个重要的技术经济指标——单方造价(元/m^2)。建筑面积、单方造价两个技术经济指标,又是计划部门、规划部门、上级主管部门进行立项审批控制的重要依据。

另外,在编制工程建设概预算时,建筑面积也是计算某些分项工程量,确定某些费用指标的基础数据,从而减少概预算编制过程中的计算工程量。如:建筑物超高费用的计算,其工程量就是以超高部分建筑面积(多层)或以建筑面积(单层)来计算的;场地平整、地面抹灰、地面垫层、室内回填土、天棚抹灰等的工程量计算,均可利用建筑面积这个基数来计算。

建筑面积作为一项重要的技术经济指标、计算某些分项工程的基础数据,不仅重要而且也是一项需要耐心,需要认真对待和细心计算的工作。任何粗心大意都会造成计算上的错误,不但会造成分项工程量上的偏差,也会直接影响概预算总造价的准确性,从而造成经济上的损失。

建筑面积的计算,不是简单的各层平面面积的累加。依据建筑面积计算规则的规定,有些计算全部面积;有些计算一半面积;有些不计算面积;有些按水平面积计算;有些按水平投影面积计算;遇有特殊情况时,又需要参照规则的精神办理。这就要求每一个概预算人员,既要熟练地掌握国家和有关部门规定的建筑面积计算规则,还应具有高度的责任感和对工作一丝不苟的精神。

为充分发挥建筑面积的基数作用,计算建筑面积时,应根据建筑工程的特点,采用适当的方法。一般来讲,一个计算式下来的计算方法不可取。这是因为:其一,不便于复核检查;其二,建筑面积失去了基数作用,使有关分项需重新计算所需的数据,增加计算工作量。“分块(层)计算,最终合计”的计算方法是个比较好的方法。如:分为底层建筑面积块、标准层建筑面积块、顶层(或屋顶突出部分)建筑面积块等,有关分项可直接引用需建筑面积块的分项结果,减少重复计算工作量。

第二章 术 语

1. 层高 （story height）

上下两层楼面或楼面与地面之间的垂直距离。

2. 自然层 （floor）

按楼板、地板结构分层的楼层。

3. 架空层 （empty space）

建筑物深基础或坡地建筑吊脚架空部位不回填土石方形成的建筑空间。

4. 走廊 （corridor gallery）

建筑物的水平交通空间。

5. 挑廊 （overhanging corridor）

挑出建筑物外墙的水平交通空间。

6. 檐廊 （eaves gallery）

设置在建筑物底层出檐下的水平交通空间。

7. 回廊 （cloister）

在建筑物门厅、大厅内设置在二层或二层以上的回形走廊。

8. 门斗 （foyer）

在建筑物出入口设置的起分隔、挡风、御寒等作用的建筑过渡空间。

9. 建筑物通道 （passage）

为道路穿过建筑物而设置的建筑空间。

10. 架空走廊 （bridge way）

建筑物与建筑物之间，在二层或二层以上专门为水平交通设置的走廊。

11. 勒脚 （plinth）

建筑物的外墙与室外地面或散水接触部位墙体的加厚部分。

12. 围护结构 （envelop enclosure）

围合建筑空间四周的墙体、门、窗等。

13. 围护性幕墙 （enclosing curtain wall）

直接作为外墙起围护作用的幕墙。

14. 装饰性幕墙 （decorative faced curtain wall）

设置在建筑物墙体外起装饰作用的幕墙。

15. 落地橱窗 （french window）

突出外墙面根基落地的橱窗。

16. 阳台 （balcony）

供使用者进行活动和晾晒衣物的建筑空间。

17. 眺望间 （view room）

设置在建筑物顶层或挑出房间的供人们远眺或观察周围情况的建筑空间。

18. 雨篷 （canopy）

设置在建筑物进出口上部的遮雨、遮阳篷。

19. 地下室 （basement）

房间地平面低于室外地平面的高度超过该房间净高的 1/2 者为地下室。

20. 半地下室 （semi basement）

房间地平面低于室外地平面的高度超过该房间净高的 1/3，且不超过 1/2 者为半地下室。

21. 变形缝 （deformation joint）

伸缩缝(温度缝)、沉降缝和抗震缝的总称。

22. 永久性顶盖　(permanent cap)

经规划批准设计的永久使用的顶盖。

23. 飘窗　(bay window)

为房间采光和美化造型而设置的突出墙的窗。

24. 骑楼　(overhang)

楼层部分跨在人行道上的临街楼房。

25. 过街楼　(arcade)

有道路穿过建筑空间的楼房。

第三章　建筑面积新旧规范对照

《建筑工程建筑面积计算规范》GB/T 50353—2005（以下简称《规范》）

3.0.1　单层建筑物的建筑面积，应按其外墙勒脚以上结构外围水平面积计算。并应符合下列规定：

1. 单层建筑物高度在 2.20m 及以上者应计算全面积；高度不足 2.20m 者应计算 1/2 面积。

2. 利用坡屋顶内空间时，净高超过 2.10m 的部位应计算全面积；净高在 1.20m 至 2.10m 的部位应计算 1/2 面积；净高不足 1.20m 的部位不应计算面积。

条文说明：本规范规定建筑面积的计算是以勒脚以上外墙结构外边线计算，勒脚是墙根部很矮的一部分墙体加厚，不能代表整个外墙结构，因此要扣除勒脚墙体加厚的部分。

《全国统一建筑工程预算工程量计算规则》土建工程 GJD_{GZ}—101—95（以下简称"95《规则》"）

第 2.1.1 条　单层建筑物不论其高度如何，均按一层计算建筑面积。其建筑面积按建筑物外墙勒脚以上结构的外围水平面积计算。

《建筑面积计算规则》1982 年（以下简称"82《规则》"）

1. 单层建筑物不论其高度如何均按一层计算，其建筑面积按建筑物外墙勒脚以上的外围水平面积计算。单层建筑物内如带有部分楼层者，亦应计算建筑面积。

【名词释义】 （1）勒脚：墙身接近地面的部分，其高度一般指室内地坪与室外地面之间的高差部分，也有将底层窗台至室外地面的高度视为勒脚，如图 3-1 所示。勒脚起着保护墙身和增加建筑物立面美观的作用。

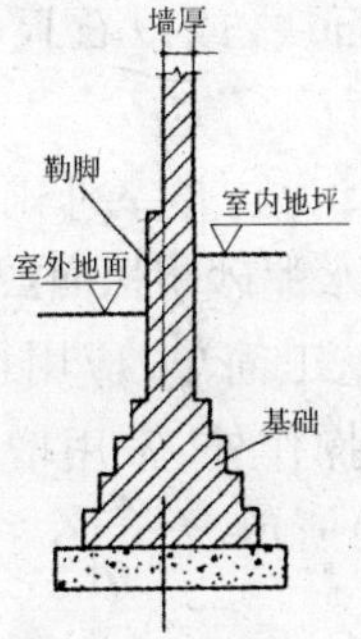

图 3-1　勒脚示意图

由于它容易受到外界的碰撞和雨、雪的侵蚀而遭到破坏，以致影响到建筑物的耐久性和美观；此外，地表水和地下水的毛细作用所形成的地潮也会造成对勒脚部位的侵蚀；不仅如此，地潮还会沿墙身不断上升，严重时可达到二层，致使室内抹灰粉化、脱落，抹灰表面生霉，影响人体健康。所以，在构造上必须采用相应的防护措施，如图 3-2 所示。

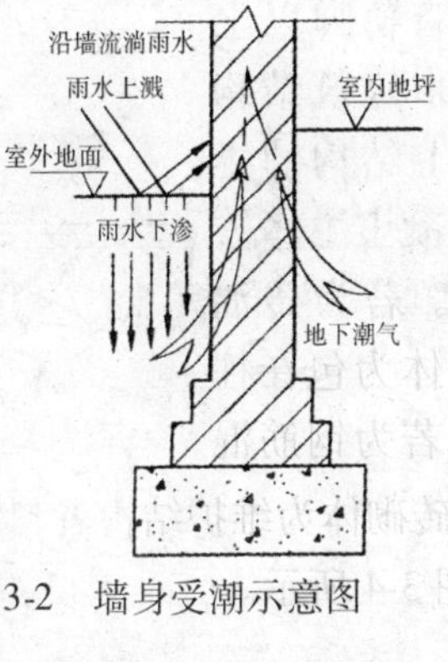

图 3-2　墙身受潮示意图

勒脚分两种：

1)石砌勒脚：对勒脚容易遭到破坏的部分采用坚固的材料进行砌筑，如石块，或以石板作贴面进行保护。如图 3-3(a)、(b)所示。

2)抹灰勒脚：为防止室外雨水对勒脚部位的侵蚀，常对勒脚的外表面作水泥砂浆抹面或其他有效的抹面处理。这种做法造价经济，施工简单，应用也较广。为防止抹灰起壳脱落，除严格施工、操作外，常用增加抹灰的"咬口"进行加强，如图 3-3(c)、(d)所示。

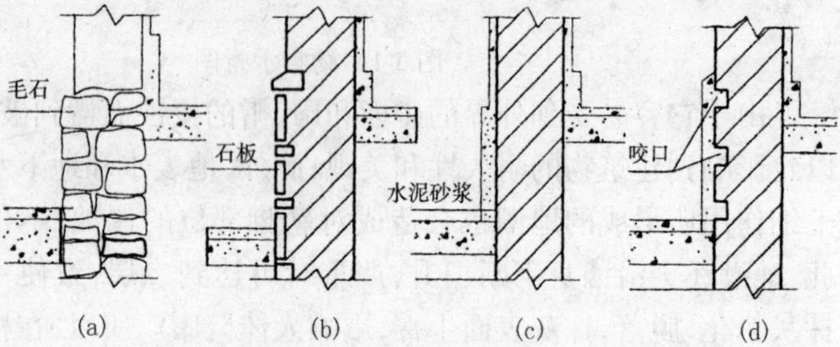

图 3-3　勒脚

建筑物外墙勒脚以上结构的外围是指建筑结构物外墙勒脚以上结构的主体层(砌体或混凝土主体)，不包括装饰层。若为砖混结构厂房，砖砌体为包在柱外的维护结构；若为钢筋混凝土框架结构，砖砌体为维护结构者，其结构外围是指维护砌体的外皮。如图 3-4 所示。

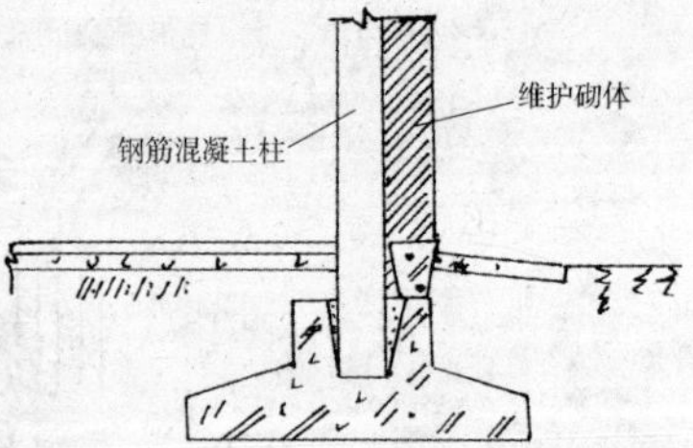

图 3-4

(2)坡屋顶空间:实施平房改坡后产生的坡屋顶空间,只作房屋维修之用,在改造时,坡顶上均有一定数量的百页窗,以作通风之用,它可以满足建筑构件的通风防腐要求。“平改坡”的主要材料经严格的挑选和科学的比较,具有重量小、色彩多、价格低、施工方便、防水性能好等特点。

(3)净高:层高和净高是两个不同的概念,层高包括净高和楼板厚度,净高则是不包括楼板厚度的屋内净空间高度。层高指上下两层楼面或地面之间的垂直距离,随着精装修房的出现,层高已无太大实际意义,因为一些房屋经过吊顶、铺装地板等装修,室内净高有了很大变化。根据建设部1999年3月25日颁布的《住宅设计规范》规定:室内净高是指楼面或地面至上部楼板底面或吊顶底面之间的垂直距离。其中,卧室、起居室(厅)的室内净高不应低于2.40m,局部净高不应低于2.10m且其面积不应大于室内使用面积的1/3。利用坡屋顶内空间作卧室、起居室(厅)时,其1/2面积的室内净高不应低于2.10m。厨房、卫生间的室内净高不应低于2.20m。厨房、卫生间内排水横管下表面与楼面、地面净距不得低于1.90m,且不得影响门、窗扇开启。

(4)建筑面积:以外墙体的正墙身外边线(即建筑施工平面图的外轮廓线)为准进行计算的,如图3-5所示的L、B。

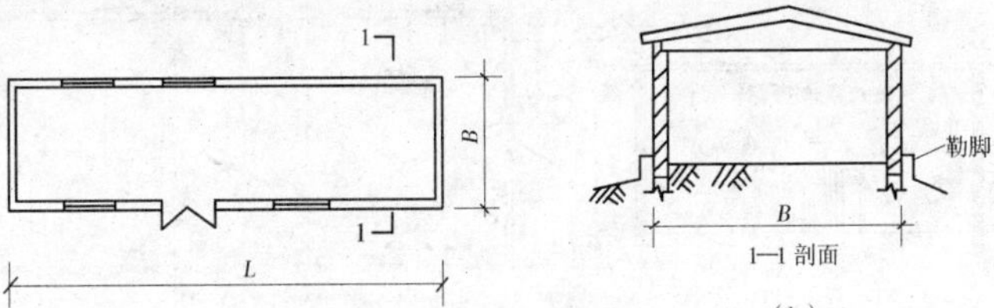

图3-5 外围尺寸

【例】 如图 3-6 所示，求单层建筑物建筑面积(F)的工程量。

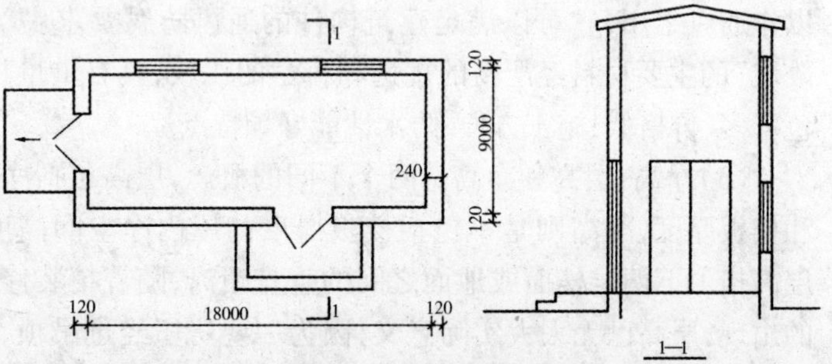

图 3-6 单层建筑物示意图(单位：mm)

【解】 按《规范》解：

若建筑物高度大于 2.20m，则

$F = [(18 + 0.24) \times (9 + 0.24)]\text{m}^2 = 168.5\ 4\text{m}^2$

若建筑物高度小于 2.20m，则

$F = [(18 + 0.24) \times (9 + 0.24)/2]\text{m}^2 = 84.27\text{m}^2$

按 95《规则》解：

$F = [(18 + 0.24) \times (9 + 0.24)]\text{m}^2 = 168.54\text{m}^2$

82《规则》与 95《规则》计算方法一样。

【例】 如图 3-7 所示，求某单层仓库的建筑面积。

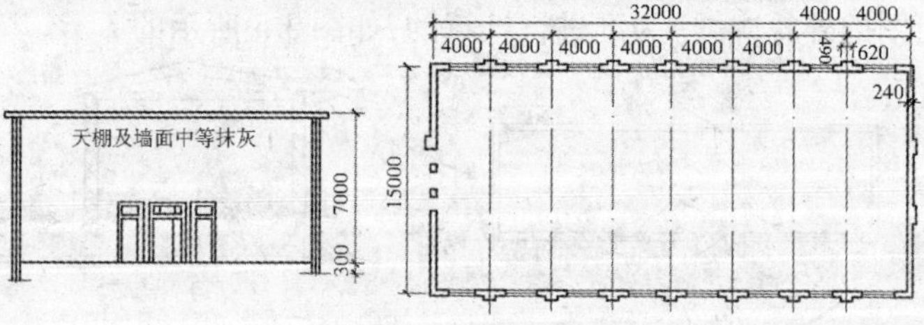

图 3-7 某单层仓库(单位：mm)

【解】 按《规范》解：

若仓库高度大于2.20m，则

$F = [(32 + 0.24) \times (15 + 0.24)]\text{m}^2 = 491\text{m}^2$

若仓库高度小于2.20m，则

$F = [(32 + 0.24) \times (15 + 0.24)/2]\text{m}^2 = 245.5\text{m}^2$

按95《规则》解：

$F = [(32 + 0.24) \times (15 + 0.24)]\text{m}^2 = 491\text{m}^2$

82《规则》与95《规则》计算方法一样。

【例】 试计算某单层住宅(图3-8)建筑面积。

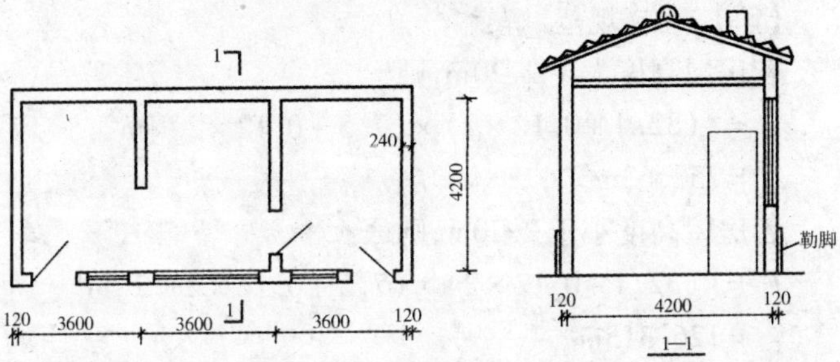

图3-8 某单层住宅(单位：mm)

【解】 按《规范》解：

若房屋高度大于2.20m，则

$F = [(3.6 \times 3 + 0.12 \times 2) \times (4.2 + 0.12 \times 2)]\text{m}^2$
$= 49.02\text{m}^2$

若房屋高度小于2.20m，则

$F = [(3.6 \times 3 + 0.12 \times 2) \times (4.2 + 0.12 \times 2)/2]\text{m}^2 = 24.51\text{m}^2$

按95《规则》解：

$F = [(3.6 \times 3 + 0.12 \times 2) \times (4.2 + 0.12 \times 2)]\text{m}^2$

$=49.02\text{m}^2$

82《规则》与95《规则》计算方法一样。

【例】 如图3-9所示,试计算某小学教室(单层)建筑面积。

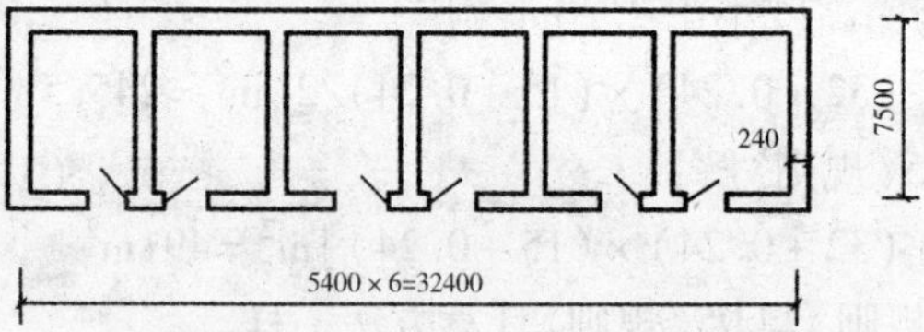

图3-9 某小学教室(单位:mm)

【解】 按《规范》解:

若房屋高度大于2.20m,则

$F=[(32.4+0.12\times2)\times(7.5+0.12\times2)]\text{m}^2$

$=252.63\text{m}^2$

若房屋高度小于2.20m,则

$F=[(32.4+0.12\times2)\times(7.5+0.12\times2)/2]\text{m}^2$

$=126.315\text{m}^2$

按95《规则》解:

$F=[(32.4+0.12\times2)\times(7.5+0.12\times2)]\text{m}^2$

$=252.63\text{m}^2$

82《规则》与95《规则》计算方法一样。

【例】 求如图3-10所示的单层仓库的建筑面积。

【解】 按《规范》解:

若仓库高度大于2.20m,则

$F=[(18.0+0.12\times2)\times(15.0+0.12\times2)]\text{m}^2=278\text{m}^2$

若仓库高度小于2.20m,则

$F=[(18.0+0.12\times2)\times(15.0+0.12\times2)/2]\text{m}^2$

$= 139m^2$

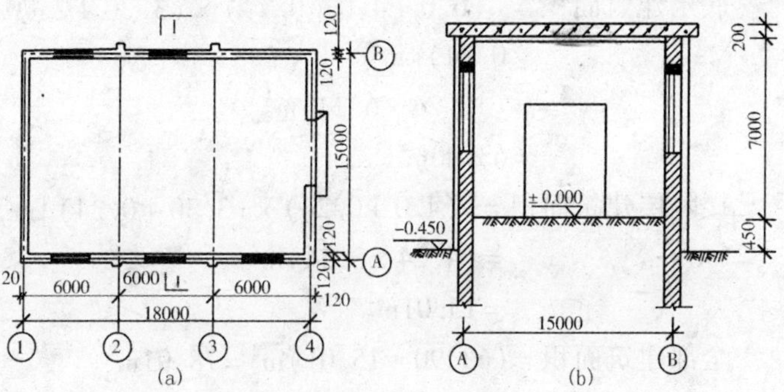

图 3-10　单层仓库(单位:mm)

按 95《规则》解:

$F = [(18.0 + 0.12 \times 2) \times (15.0 + 0.12 \times 2)]m^2 = 278m^2$

82《规则》与 95《规则》计算方法一样。

【例】　根据图 3-11 计算该建筑物的建筑面积(墙厚均为 240mm)。

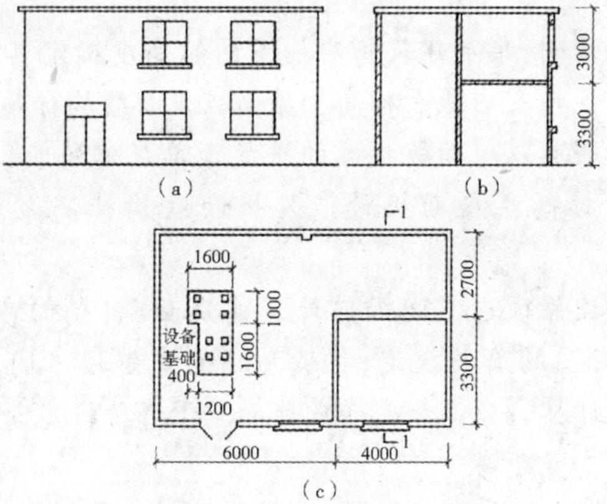

图 3-11　建筑面积计算示意图(单位:mm)

【解】 按《规范》解：

$$底层建筑面积=[(6.0+4.0+0.24)\times(3.30+2.70+0.24)]m^2$$
$$=(10.24\times6.24)m^2$$
$$=63.90m^2$$

$$楼隔层建筑面积=[(4.0+0.24)\times(3.30+0.24)]m^2$$
$$=(4.24\times3.54)m^2$$
$$=15.01m^2$$

$$全部建筑面积=(63.90+15.01)m^2=78.91m^2$$

82《规则》、95《规则》与《规范》解法相同。

《建筑工程建筑面积计算规范》GB/T 50353—2005

3.0.2 单层建筑物内设有局部楼层者，局部楼层的二层及以上楼层，有围护结构的应按其围护结构外围水平面积计算，无围护结构的应按其结构底板水平面积计算。层高在2.20m及以上者应计算全面积；层高不足2.20m者应计算1/2面积。

条文说明：单层建筑物应按不同的高度确定其面积的计算。其高度指室内地面标高至屋面板板面结构标高之间的垂直距离。遇有以屋面板找坡的平屋顶单层建筑物，其高度指室内地面标高至屋面板最低处板面结构标高之间的垂直距离。

关于坡屋顶内空间如何计算建筑面积，我们参照了《住宅设计规范》的有关规定，将坡屋顶的建筑按不同净高确定其面积的计算。净高指楼面或地面至上部楼板底面或吊顶底面之间的垂直距离。

3.0.20 高低联跨的建筑物，应以高跨结构外边线为界

分别计算建筑面积；其高低跨内部连通时，其变形缝应计算在低跨面积内。

条文说明：本条规范对1995年的规则做了补充。以高跨结构外边线为界分别计算建筑面积，在高低跨连通时，其变形缝无宽度限制并入到低跨建筑面积内。

《全国统一建筑工程预算工程量计算规则》土建工程 **GJD_{GZ}—101—95**

第 **2.1.1** 条　单层建筑物内设有部分楼层者，首层建筑面积已包括在单层建筑物内，二层及二层以上应计算建筑面积。高低联跨的单层建筑物，需分别计算建筑面积时，应以结构外边线为界分别计算。

《建筑面积计算规则》1982年

1. 单层建筑物不论其高度如何均按一层计算，其建筑面积按建筑物外墙勒脚以上的外围水平面积计算。单层建筑物内如带有部分楼层者，亦应计算建筑面积。

2. 高低联跨的单层建筑物，如需分别计算建筑面积，当高跨为边跨时，其建筑面积按勒脚以上两端山墙外表面间的水平长度乘以勒脚以上外墙表面至高跨中柱外边线的水平宽度计算；当高跨为中跨时，其建筑面积按勒脚以上两端山墙外表面间的水平长度乘以中柱外边线的水平宽度计算。

【名词释义】　单层建筑物：便于房屋中各部分人流或物品和室外联系，它适应于覆盖面及跨度较大的结构布置，一些顶部要求自然采光和通风的房屋，也常采用单层的剖面组合方式，如食堂、会场、车站、展览大厅等建筑类型都有不少单层剖面的例子，单层房屋的主要缺点是用地很不经济，如把一幢五层住宅和五幢单层的平房比较，在日照间距相同的条件下，用地面积要增加20倍左右,道路和室外管线设施也都相应增加。单层厂房也属于单层建筑物,它广泛地应用于各种工业企业,约占工业建筑总量的75%左右,它对于具有大型生产设备、震动设备、地沟、地坑或重型起重运输设备的生产有较大的适应性,如冶金、机械制造等工业部门。单层厂房便于沿地面水平方向组织生产工艺流程,生产设备荷载直接传给地基,也便于改造。

单层厂房按跨数有单跨与多跨之分。多跨大面积厂房在实践中采用的较多,单跨采用的较少。但有的生产,如飞机装配车间和飞机库常采用跨度很大(36~100m)的单跨厂房。

单层厂房占地面积大、围护结构面积多(特别是屋顶面积多)、维护管理费高,各种工程技术管道长、厂房扁长、立面处理单调。单层厂房的结构支承方式基本上可分为承重墙结构;当厂房的跨度、高度、吊车荷载较大时,广泛采用骨架承重结构。骨架结构由柱子、梁屋架等组成,以承受各种荷载。这时,墙体在厂房中只起围护或分隔作用。如图3-12所示。

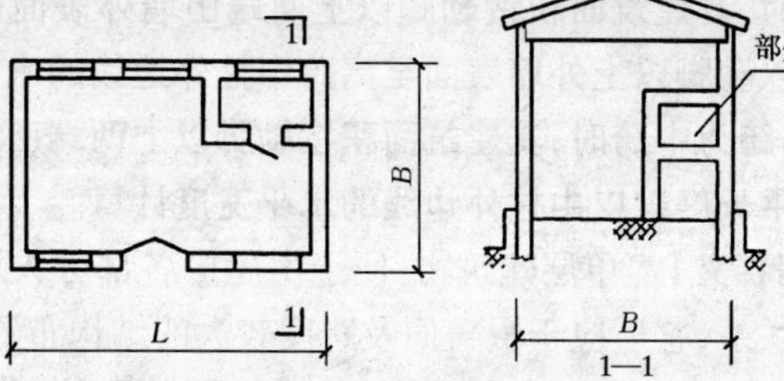

图3-12 单层建筑物内带有部分楼层

【例】 求如图3-13所示单层建筑物内设部分楼层的建筑面积,已知外墙厚240mm。

【解】 按《规范》解：

建筑面积 $F = [(60+0.24)\times(18+0.24)+(4\times3+0.24)\times(6+0.24)\times1/2\times2]\text{m}^2$

$=(1098.78+76.38)\text{m}^2$

$=1175.16\text{m}^2$

按95《规则》解：

建筑面积 $F = [(60+0.24)\times(18+0.24)+(4\times3+0.24)\times(6+0.24)\times2]\text{m}^2$

$=(1098.78+152.76)\text{m}^2$

$=1251.54\text{m}^2$

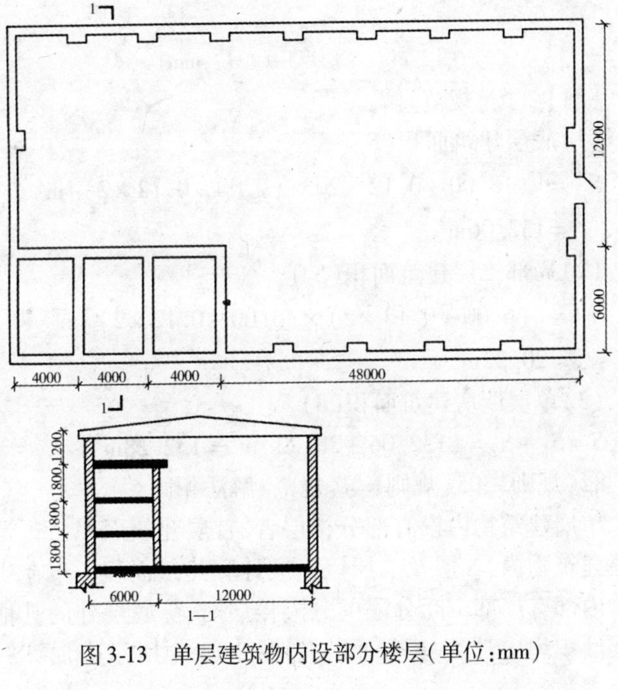

图 3-13 单层建筑物内设部分楼层(单位:mm)

82《规则》与95《规则》计算方法相同。

【例】 求如图3-14所示单层厂房的建筑面积。

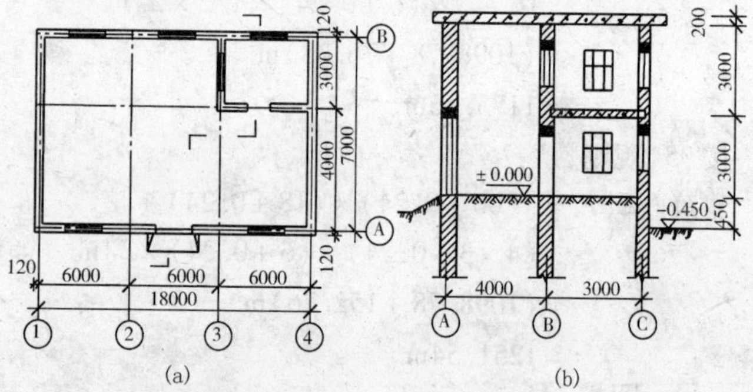

图3-14 单层厂房(单位:mm)

【解】 按《规范》解:

(1)底层建筑面积(S_1)

$$S_1 = [(18.00 + 0.12 \times 2) \times (7.00 + 0.12 \times 2)]\,m^2 = 132.06m^2$$

(2)局部二层建筑面积(S_2)

$$S_2 = [(6.00 + 0.12 \times 2) \times (3.00 + 0.12 \times 2)]\,m^2 = 20.22m^2$$

(3)单层厂房建筑面积(S)

$$S = S_1 + S_2 = (132.06 + 20.22)\,m^2 = 152.28m^2$$

82《规则》、95《规则》与《规范》解法相同。

单层建筑物内设有部分楼层者,首层建筑面积已包括在单层建筑物内,二层及二层以上应计算建筑面积。指在当建筑物内部有局部空间分隔的分隔楼层时,除底层外的其他分隔层面积均应计算建筑面积,如图3-15中所示应加算一层

$a \times b$面积。

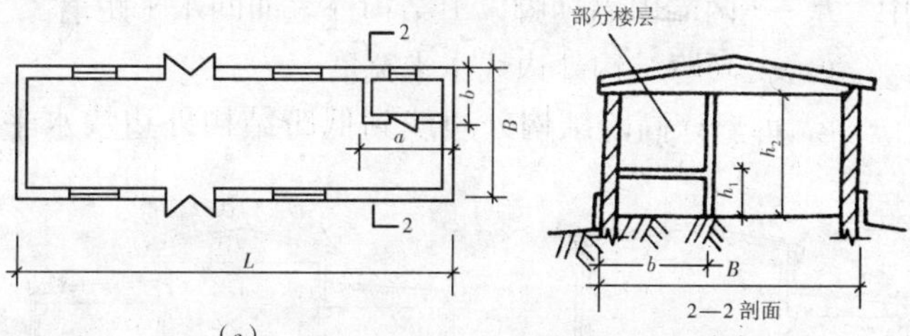

（a）（b）

图 3-15 部分楼层

高低联跨的单层建筑物。高低联跨的单层建筑物建筑面积的计算,同单层建筑面积计算方法。高低跨之间有变形缝,若缝宽在 300mm 以内,则缝占宽度的平面面积并入建筑面积内计算,否则不计算建筑面积。

若由于工作需要,需分别计算高跨和低跨的建筑面积(如:高、低跨由不同的承包商承建;高、低跨分期施工情况),则其建筑面积计算的分界线为:高低联跨处,高跨的柱外边线。高跨和低跨的建筑面积分别按单层建筑面积计算方法计算,但变形缝宽度在 300mm 以内的缝占平面面积并入低跨建筑面积内计算(缝宽在 300mm 以上的缝占平面面积,不计算建筑面积)。

(1)当高跨为边跨时

以高跨结构外边线为界分别计算建筑面积。

(2)当高跨为中跨时

同“高跨为边跨时”计算方法。

高低跨单层建筑物如图 3-16 所示。

高跨建筑面积 $S_1 = L \times b$

低跨建筑面积 $S_2 = L \times (a_1 + a_2)$

式中 L——两端山墙勒脚以上结构外表面间水平距离。

b——高跨结构外边线水平宽度。

a_1, a_2——高跨结构外边线到低跨结构外边线水平宽度。

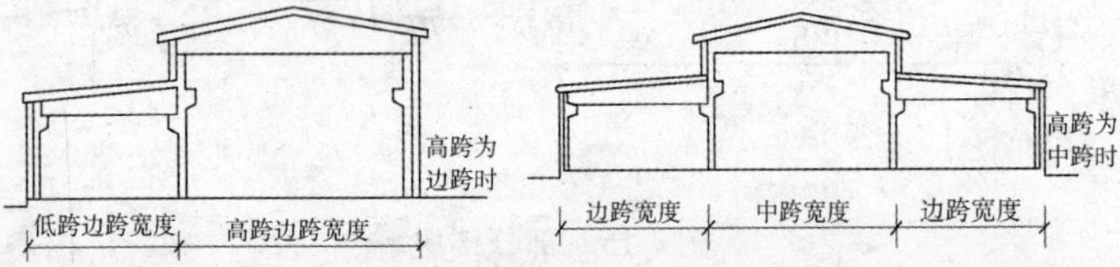

图 3-16　高低跨单层建筑物

【例】 求图 3-17 所示单层工业厂房高跨及低跨的建筑面积(墙厚为 240mm)。

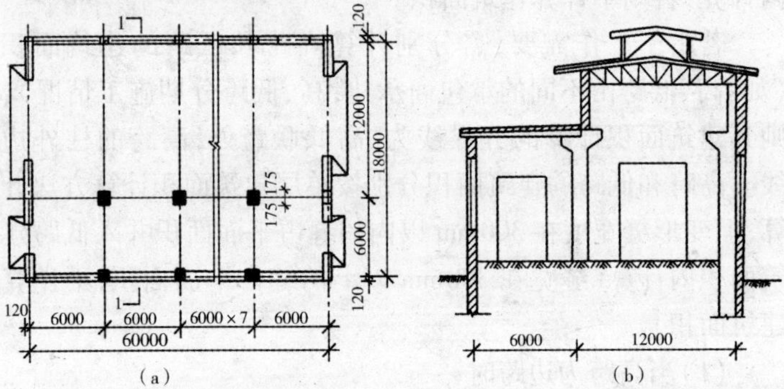

图 3-17　高低联跨(高跨为边跨)单层工业厂房(单位:mm)

【解】 按《规范》解:

高跨建筑面积

$S_1 = [(60.00 + 0.12 \times 2) \times (12.00 + 0.12 - 0.175 + 0.24)]\text{m}^2$

$=734.02\text{m}^2$

低跨建筑面积

$S_2=[(60.00+0.12\times2)\times(6.00+0.12+0.175-0.24)]\text{m}^2$

$=364.75\text{m}^2$

95《规则》计算方法与《规范》相同。

按82《规则》解：

高跨建筑面积 $S_1=[(60.00+0.12\times2)\times(12.00+0.12+0.175)]\text{m}^2$

$=740.65\text{m}^2$

低跨建筑面积 $S_2=[(60.00+0.12\times2)\times(6.00+0.12-0.175)]\text{m}^2$

$=358.13\text{m}^2$

【例】 求如图3-18所示单层工业厂房高跨及低跨的建筑面积。

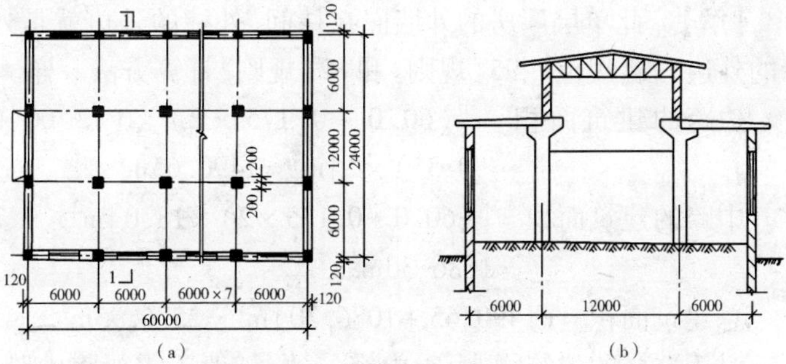

图3-18 高低联跨(高跨为中跨)单层工业厂房(单位:mm)

【解】 按《规范》解：

高跨建筑面积

$S_1=[(60.00+0.12\times2)\times(12.0-0.2\times2+0.24\times2)]\text{m}^2$

$$=727.70\text{m}^2$$

低跨建筑面积

$$S_2=[(60.00+0.12\times2)\times(6.0+0.12+0.2-0.24)\times2]\text{m}^2$$
$$=732.52\text{m}^2$$

95《规则》与《规范》计算方法相同。

按82《规则》解:

高跨建筑面积

$$S_1=[(60.00+0.12\times2)\times(12.00+0.20\times2)]\text{m}^2$$
$$=746.98\text{m}^2$$

低跨建筑面积

$$S_2=[(60.00+0.12\times2)\times(6.00+0.12-0.2)\times2]\text{m}^2$$
$$=356.62\times2$$
$$=713.24\text{m}^2$$

【例】 求如图3-19所示高低跨单层厂房的建筑面积。

【解】 此单层厂房的外墙嵌在柱间,外柱的外边就是外墙的外边,故《规范》、95《规则》和82《规则》计算方法一样。

$$边跨的建筑面积=[(60.0+0.175\times2)\times(12.00+0.35)\times2]\text{m}^2=1490.65\text{m}^2$$

$$中跨的建筑面积=[(60.0+0.175\times2)\times18.0]\text{m}^2=1086.30\text{m}^2$$

$$总建筑面积=(1490.65+1086.30)\text{m}^2=2576.95\text{m}^2$$

对于这样的建筑物,由于内容一致,一般不需要将中跨、边跨分开计算。这样,建筑面积的计算就和一般单层建筑物一样。

$$建筑面积=[(60.00+0.175\times2)\times(12.00+18.0+12.0+0.35\times2)]\text{m}^2$$

$= 2577m^2$

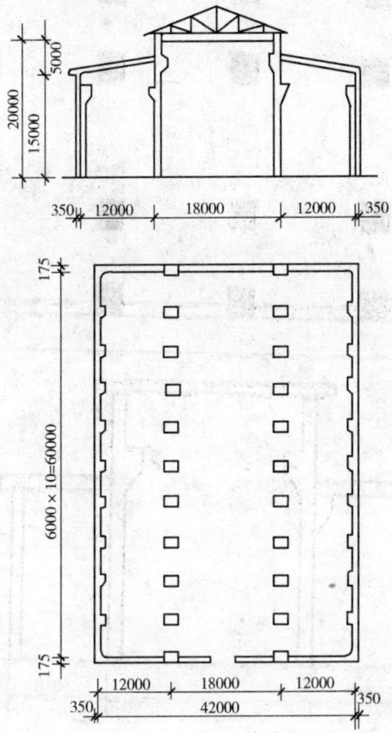

图 3-19　高低跨单层厂房(单位:mm)

【例】　求如图 3-20 所示高低跨单层建筑物的建筑面积。

【解】　由于高跨结构外边线与中柱外边线重叠,故《规范》、95《规则》和 82《规则》计算方法相同。

$F_{高} = (24.5 \times 7.4)m^2 = 181.3m^2$

$F_{低} = (24.5 \times 4.5 \times 2)m^2 = 220.5m^2$

$F_{总} = (181.3 + 220.5)m^2 = 401.8m^2$

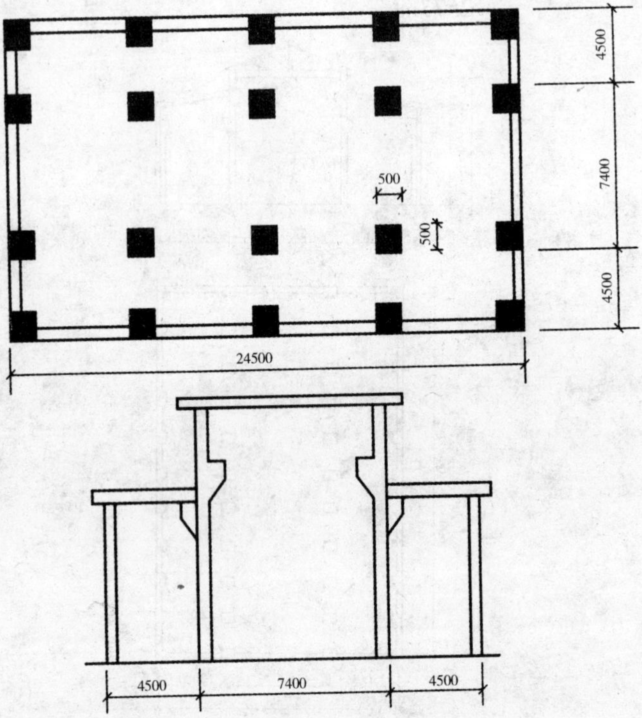

图 3-20　高低跨单层建筑物(单位:mm)

【例】　求图 3-21 所示建筑物的建筑面积(高跨为边跨)。

【解】　由于高跨结构外边线与高跨中柱外边线重合,故《规范》、95《规则》与 82《规则》计算方法相同。

$$F_{高} = (25.5 \times 8.5)\,m^2 = 216.75m^2$$

$$F_{低} = (25.5 \times 5.0)\,m^2 = 127.5m^2$$

$$F_{总} = (216.75 + 127.5)\,m^2 = 344.25m^2$$

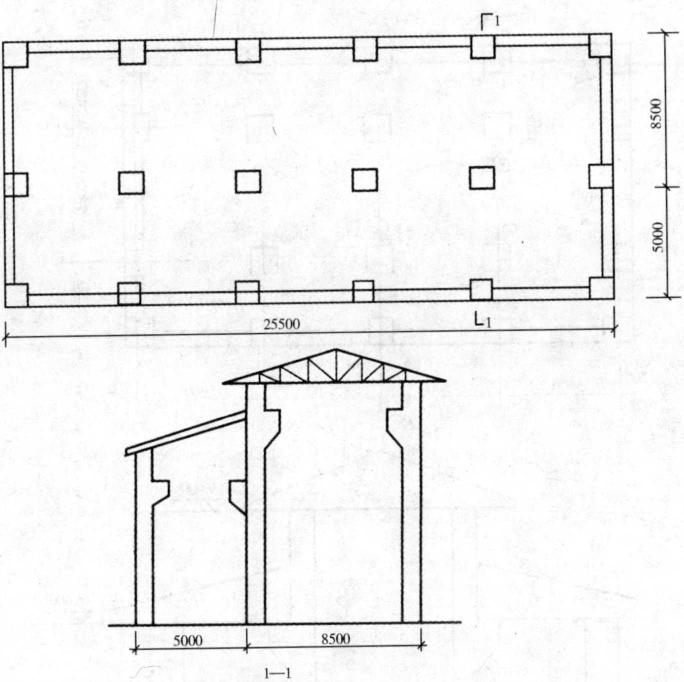

图 3-21 高低联跨单层建筑示意图(单位:mm)

【例】 如图 3-22 所示,试计算边跨及中跨建筑面积(高跨为中跨)。

【解】 计算方法同上例中。

$$F_{中}=[(5.4\times4+0.2\times2)\times(7.5+0.2\times2)]\text{m}^2$$
$$=173.8\text{m}^2$$
$$F_{边}=[(5.4\times4+0.2\times2)\times(4.2+0.2-0.2)\times2]\text{m}^2$$
$$=184.8\text{m}^2$$

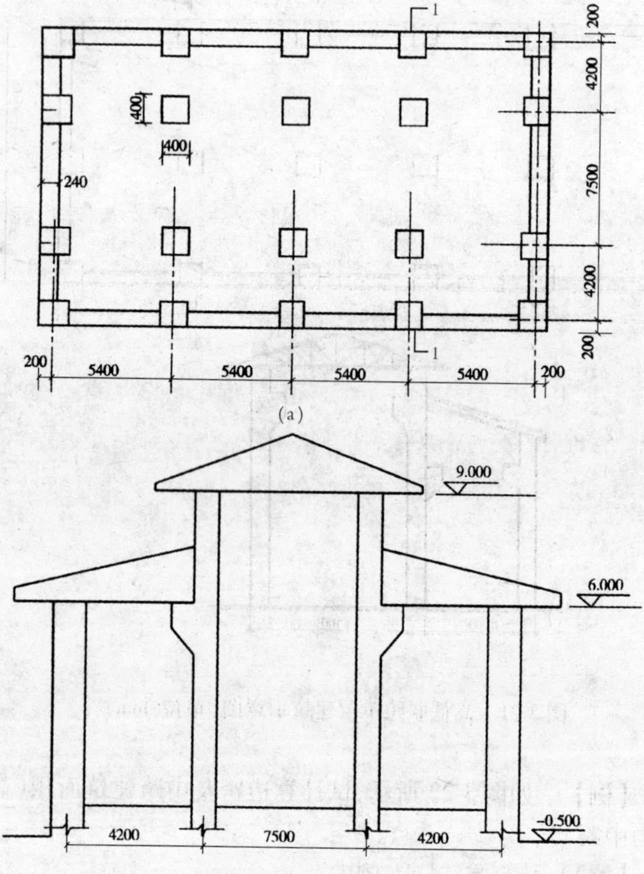

图 3-22　高低联跨单层建筑物示意图(单位:mm)

(a)平面图;(b)1－1 剖面图

【例】　求图 3-23 所示单层工业厂房高跨部分及低跨部分的建筑面积。

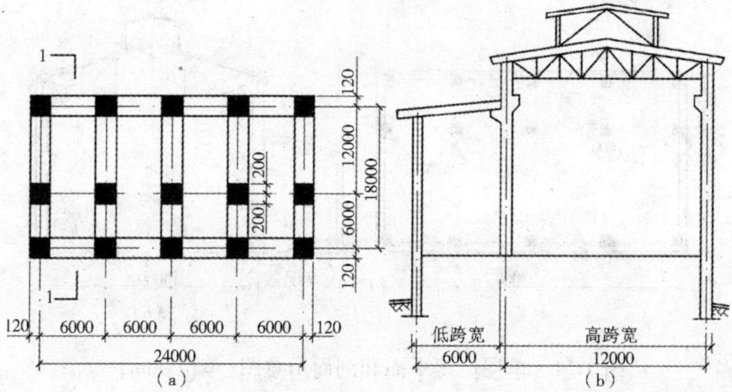

图 3-23　高低联跨的单层工业厂房(单位:mm)

(a)平面图;(b)剖面图

【解】 (1)高跨部分建筑面积 S_1

$S_1 = [(24 + 2 \times 0.12) \times (12 + 0.12 + 0.2)]\text{m}^2 = 298.64\text{m}^2$

(2)低跨部分建筑面积 S_2

$S_2 = [(24 + 2 \times 0.12) \times (12 + 6 + 2 \times 0.12)]\text{m}^2 - S_1$

$= (442.14 - 298.64)\text{m}^2 = 143.5\text{m}^2$

或 $S_2 = [(24 + 2 \times 0.12) \times (6 - 0.2 + 0.12)]\text{m}^2 = 143.5\text{m}^2$

【例】 某单层厂房平面和剖面示意图如图 3-24(a)、(b)所示,该厂房总长为 27000mm;高低跨柱的中心线长分别为 15000mm 和 6000mm,柱断面尺寸为 600mm×600mm,墙厚为 240mm,试分别计算该厂房高跨和低跨的建筑面积。

【解】 根据图 3-24 所示,计算如下:

高跨部分:$F_1 = [(27 + 0.12 \times 2) \times (15 + 0.3 + 0.12)]\text{m}^2$

$= 420.04\text{m}^2$

低跨部分:$F_2 = [(27 + 0.12 \times 2) \times (6 - 0.3 + 0.12)]\text{m}^2$

$= 158.54\text{m}^2$

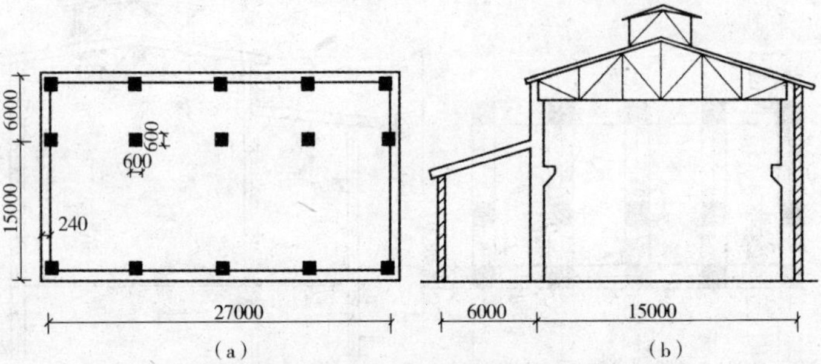

图 3-24　单层厂房平面和剖面示意图(单位:mm)

(a)平面图; (b)剖面图

【例】 如图 3-25 所示,计算高低联跨的单层建筑物的建筑面积。

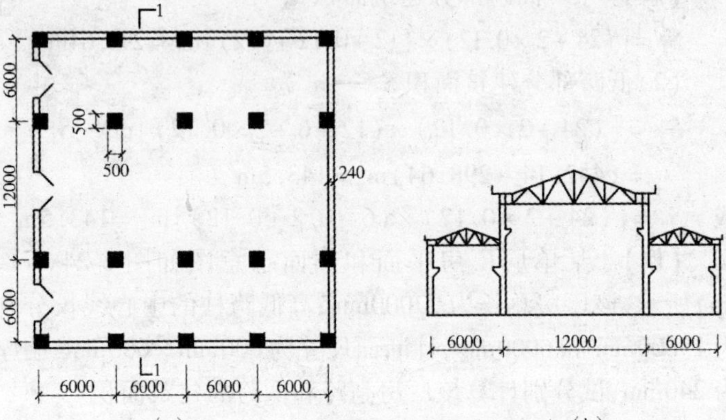

图 3-25　单层建筑物(单位:mm)

(a)平面图;(b)1 -1 剖面图

【解】 S_1(高跨) $= [(24 + 0.24 \times 2) \times (12 + 0.25 \times 2)]\,\mathrm{m}^2$

$= 306.00\mathrm{m}^2$

$$S_2(\text{低跨}) = [(24+0.24\times2)\times(6-0.25+0.24)\times2]\text{m}^2$$
$$=293.27\text{m}^2$$

$$S_{\text{建}}(\text{总面积}) = (306.00+293.27)\text{m}^2$$
$$=599.27\text{m}^2$$

《建筑工程建筑面积计算规范》GB/T 50353—2005

3.0.3　多层建筑物首层应按其外墙勒脚以上结构外围水平面积计算；二层及以上楼层应按其外墙结构外围水平面积计算。层高在2.20m及以上者应计算全面积；层高不足2.20m者应计算1/2面积。

条文说明：多层建筑物的建筑面积应按不同的层高分别计算。层高是指上下两层楼面结构标高之间的垂直距离。建筑物最底层的层高，有基础底板的指基础底板上表面结构标高至上层楼面的结构标高之间的垂直距离；没有基础底板的指地面标高至上层楼面结构标高之间的垂直距离。最上一层的层高是指楼面结构标高至屋面板板面结构标高之间的垂直距离，遇有以屋面板找坡的屋面，层高指楼面结构标高至屋面板最低处板面结构标高之间的垂直距离。

《全国统一建筑工程预算工程量计算规则》土建工程 GJD_{GZ}—101—95

第2.1.2条　多层建筑物建筑面积，按各层建筑面积之和计算，其首层建筑面积按外墙勒脚以上结构的外围水平面积计算，二层及二层以上按外墙结构的外围水平面积计算。

条文说明：这一条主要突出以下三点：

(1)多层房屋建筑面积应按空间层数计算，有几个空间层就计算几层水平面积。

(2)多层房屋应注意外墙外边线是否一致，当外墙外边线不一致时，就应分开计算建筑面积。

(3) 对于多层建筑面积计算，要注意第一层墙厚有可能与第二层不一样。像一层用 370mm 墙厚，二层以上则用 240mm 墙厚。如图 3-26 所示。

《建筑面积计算规则》1982 年

3. 多层建筑物的建筑面积按各层建筑面积的总和计算，其底层按建筑物外墙勒脚以上外围水平面积计算，二层及二层以上按外墙外围水平面积计算。

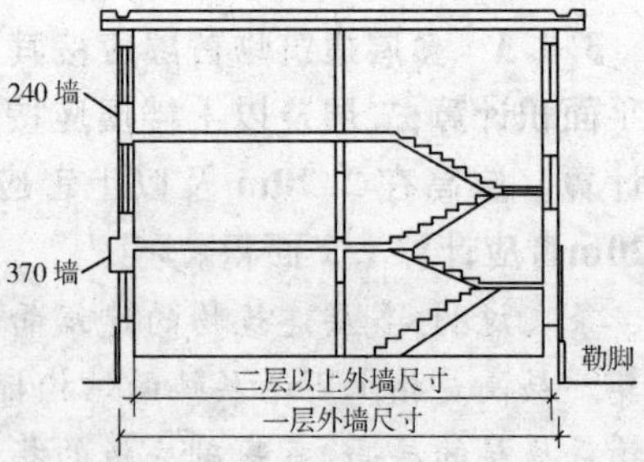

图 3-26 墙体外边线

【名词释义】 1. 外墙位于房屋周边的墙统称为外墙。它主要是抵御风、霜、雨、雪的侵袭和起保温、隔热、围护作用。

多层建筑物：其室内交通联系比较紧凑，适应于有较多相同高度房间的组合。垂直交通通过楼梯联系。多层剖面的组合应注意上下层墙、柱等承重构件的对应关系，以及各层之间相应的面积分配。许多单元式平面的住宅和走廊式平面的学校、宿舍、办公室、医院等房屋的剖面，较多采用多层的组合方式。一些建筑类型如旅馆、办公楼等，由于城市用地、规划布局等因素，也有采用高层剖面的组合方式，大城市有的居住区内，根据所在的地段和用地情况考虑，也已建成了一些高层住宅。高层剖面能在占地面积较小的条件下，建造使用面积较多的房屋,这种组合方式有利于室外辅助设施和绿化等的布置。但是,高层建筑的垂直交通需用电梯联系,管道设备设施也比较复杂,故其费用较高。由于高层房屋承受侧向风力的问题比较复杂,因此通常以框架结合剪力墙体或把电梯间、楼梯间和设备管线组织在竖向筒体中,以加强房屋的高度。

随着轻工业的迅速发展,工业用地日益紧张,因而一些城市里相继出现了一些多层厂房。在一些老城、老厂改建时,往往由于用地紧张,即使有轻型起重运输设备的生产车间也采用了多层厂房,与单层厂房相比,多层厂房有以下几个特点:

(1)建筑物占地面积小。这不仅节约用地,而且还降低了基础和屋顶的工程量,缩短工程管线的长度,节约建设投资和维护管理费。

(2)厂房宽度较小,顶层房间可不设天窗而利用侧窗采光,屋面雨雪排除方便,屋顶构造简单,屋顶面积小,有利于节省能源。

(3)交通运输面积大,这是由于多层厂房不仅有水平方向运输系统,也有垂直方向的(如电梯间、楼梯间、坡道等),这就增加了用于交通运输的面积和体积。

(4)由于多层厂房在楼层上要布置设备,又受梁板结构经济合理性的制约,因而柱网尺寸较小,不利于工艺改革和设备更新,厂房的通用性较小。

(5)在楼层上布置振动较大的设备时,结构计算的构造上处理复杂。

2. 多层厂房的适用范围

(1)生产工艺流程适用于垂直布置的企业。这类企业的原材料大部分为颗粒状和粉状的散体和液体,经一次提升后,可利用原料的自重，自上而下传送加工，直至产品成型。如面粉厂、啤酒厂、乳品厂和化工厂的某些生产车间。

(2)设备、原料及产品重量较轻的企业(楼面荷载小于$2t/m^2$)，单位垂直运输小于3t的企业。

(3)生产上要求不同层高上操作的企业。如化工厂的大型蒸馏塔、碳化塔等设备，高度比较高，生产又需在不同层高上进行。

(4)生产工艺对生产的环境有特殊要求的企业，由于多层厂房间体积小，容易解决生产所要求的特殊环境(如恒温恒湿、净化洁净、无尘无菌等)。属于这类企业的有仪表、电子、医药及食品类企业。

(5)建筑用地紧张及城建规划的需要。

随着轻工业的迅速发展，中小型企业的大量涌现，城市工业用地日趋紧张和城市建设规划的需要，多层厂房的层数有日趋增加的趋势，向着高层厂房方向发展，因而出现了一幢幢多层的工业大厦或多层及多用途的综合性工业大厦。例如：英国米拉明工业大厦，由两幢7层大楼组成，共有46个中小型工业企业在内生产；香港20层的柯达工业大厦，香港26层的工业大厦都是这类厂房，这种厂房在设计时不受某一特定的工艺流程所制约，因而具有较大的通用性，它能适应多种生产的需要，便于向外租赁。其具体标志是：厂房应具有较大的柱网；厂房层高应具有适当的储备；厂房楼板的承载能力较大，以适应多种生产工艺的需要。

3. 多层建筑物地上部分建筑面积的计算

(1)多层建筑物建筑面积按各层建筑面积的总和计算；底层按建筑物外墙勒脚以上结构的外围水平面积计算；二层

及二层以上按外墙结构的外围水平面积计算。

(2)室内楼梯、电梯井、提物井、垃圾道、管道井等,均按建筑物的自然层计算建筑面积。

[注:建筑面积计算时,一般不需要单独计算室内楼梯、电梯井、提物井、垃圾道、管道井等的建筑面积,其建筑面积已包括在按多层建筑物建筑面积计算规则计算的建筑面积内。]

(3)穿过建筑物的通道,建筑物内的门厅、大厅,不论其高度如何,均按一层计算建筑面积,门厅、大厅内回廊部分,按其水平投影面积计算建筑面积,如图 3-27、图 3-28 所示。

[注:此条规则可以这样理解:大厅、门厅、通道的各层,仍然按照多层建筑物建筑面积计算规则计算;然后,扣除被门厅、大厅、通道所穿透的二层以及以上楼层的"空洞"部分的面积。例如图 3-27 所示的大厅回廊:首先各层建筑面积计算时,不考虑大厅、回廊因素的影响,得出一个建筑面积数(S_1);然后,再计算出二层回廊中间的"空洞"面积(S_2);最后,将"空洞"面积扣除,得到总建筑面积[$S=(S_1-S_2)$]。

(4)建筑物内的设备管道层、储藏室层高超过 2.2m 的,应计算建筑面积,否则不计算建筑面积。

(5)书库、立体仓库设有结构层的,按结构层计算建筑面积;没有结构层的按承重书架层或货架层计算建筑面积。

(6)有围护结构的舞台灯光控制室按围护结构外围水平面积乘以实际层数计算建筑面积。舞台及后台悬挂的幕布、布景的天桥、挑台,不计算建筑面积。

(7)突出屋面的有围护结构的楼梯间、水箱间、电梯机房等按围护结构外围水平面积计算建筑面积,没有围护结构的

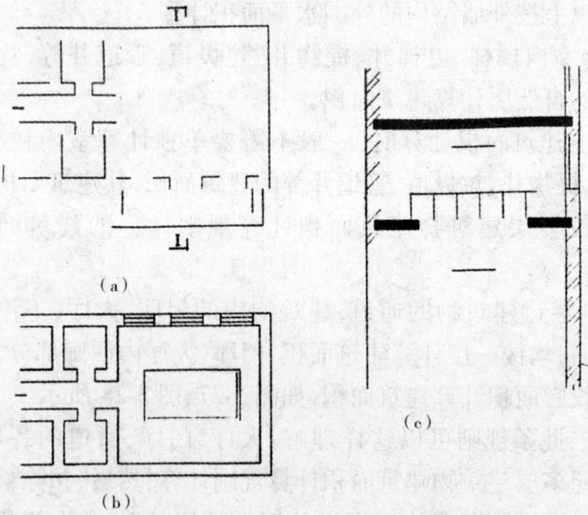

图 3-27　建筑物内大厅、回廊示意图

(a)底层平面图;(b)二层平面图;(c)I-I 剖面图

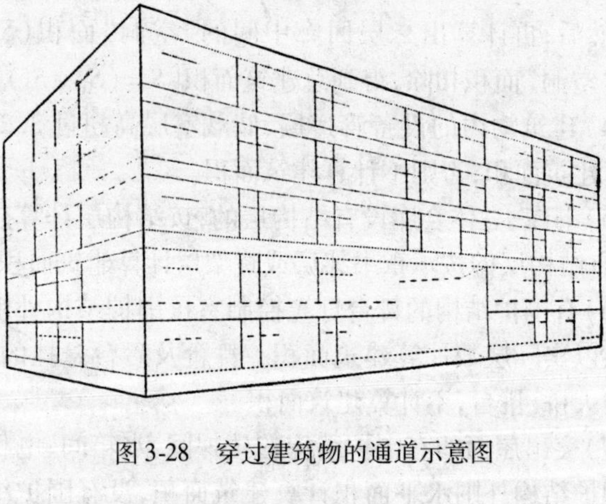

图 3-28　穿过建筑物的通道示意图

屋顶水箱、花架凉棚等，不计算建筑面积。

(8)建筑物内变形缝（包括伸缩缝、沉降缝、抗震缝）等，凡缝宽在300mm以内者，均依其缝宽按自然层计算建筑面积，否则不计算建筑面积。

(9)室外楼梯按自然层投影面积之和计算建筑面积。

【例】 某建筑物二层以上的外墙外围面积有几种宽度，窗台以下外墙面以外做壁柜高0.9m，柜挑出外墙面宽0.8m，柜顶为捣制挑窗台，台中立窗，窗离外墙面0.4m，窗顶为捣制雨篷，宽同窗台，篷上为外墙，与窗台下外墙对齐。

【解】 上述情况的外墙外围面积应以雨篷以上的外墙外围面积计算，壁柜和窗边的外围面积均不能作为外墙外围面积。

【例】 求如图3-29，图3-30(a)、(b)所示某五层宾馆的建筑面积（层高分别为：$h_1=3.9\text{m}, h_2=h_3=h_4=h_5=3.3\text{m}$）。

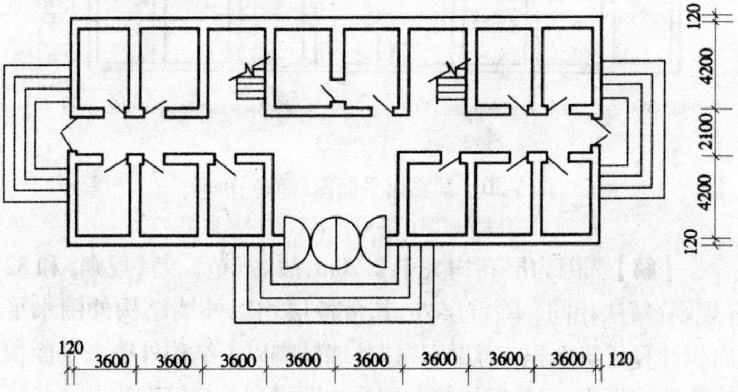

图3-29　底层平面图（单位：mm）

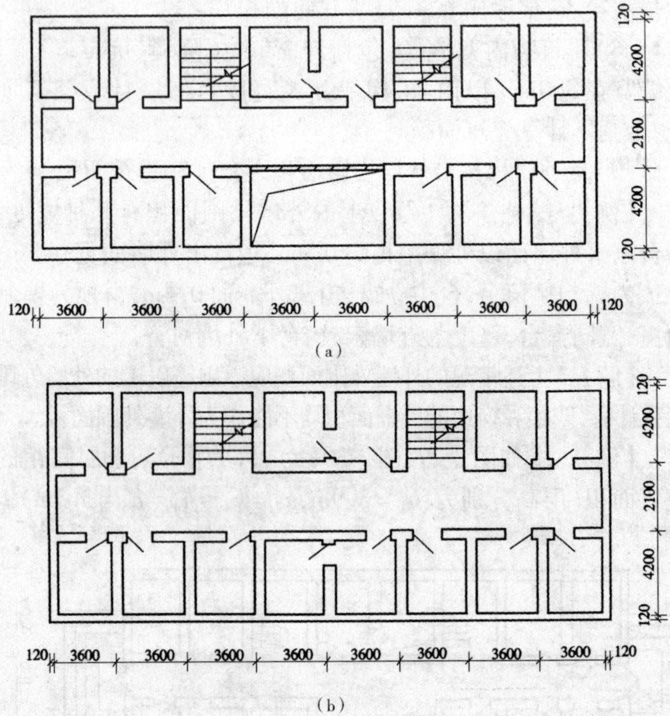

图 3-30　某宾馆平面图(单位:mm)

(a)二层平面图；(b)三、四、五层平面图

【解】 因为层高均大于2.20m,故《规范》、95《规则》和82《规则》解法相同。除首层外,其余各层均以外墙结构外围水平面积计算建筑面积,首层则仍以外墙勒脚以上结构外围水平面积计算建筑面积,把各层建筑面积叠加即得到总建筑面积。

$$
\begin{aligned}
\text{底层建筑面积 } F_1 &= [(3.6\times 8+0.12\times 2)\times(4.2\times 2+2.1+0.12\times 2)]\,\mathrm{m}^2 \\
&= 311.89\,\mathrm{m}^2
\end{aligned}
$$

二层建筑面积 $F_2 = [(3.6\times8+0.12\times2)\times(4.2\times2+2.1+0.12\times2)-(3.6\times2-0.12\times2)\times(4.2-0.12\times2)]\mathrm{m}^2$

$=284.33\mathrm{m}^2$

三、四、五层建筑面积 $F_3=[(3.6\times8+0.12\times2)\times(4.2\times2+2.1+0.12\times2)]\mathrm{m}^2$

$=311.89\mathrm{m}^2$

总建筑面积 $F=(311.89+284.33+311.89\times3)\mathrm{m}^2$

$=1531.89\mathrm{m}^2$

【例】 如图3-31(a)、(b)所示的多层建筑物,若所标尺寸线为墙的中心线,墙厚365mm,计算其建筑面积。

【解】 由于层高均大于2.20m,故《规范》、95《规则》和82《规则》解法相同。

$F=[(6.0\times3+0.365)\times(12.0+0.365)\times7]\mathrm{m}^2$

$=1589.58\mathrm{m}^2$

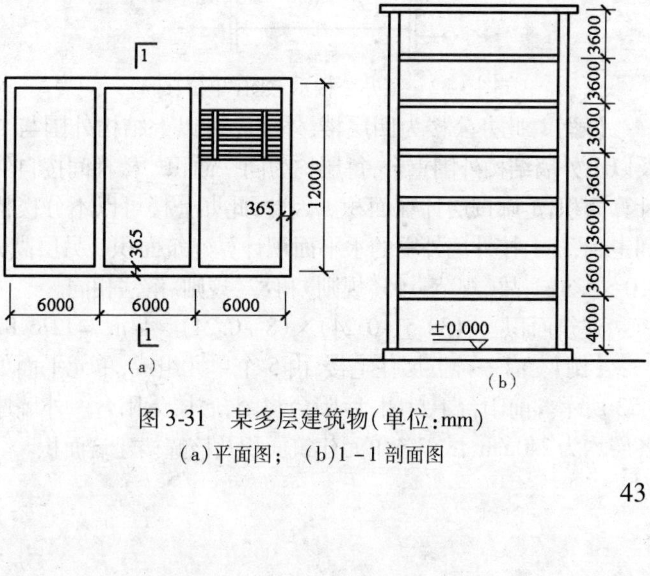

图3-31 某多层建筑物(单位:mm)
(a)平面图; (b)1-1剖面图

【例】 求图 3-32 所示某办公楼的建筑面积。

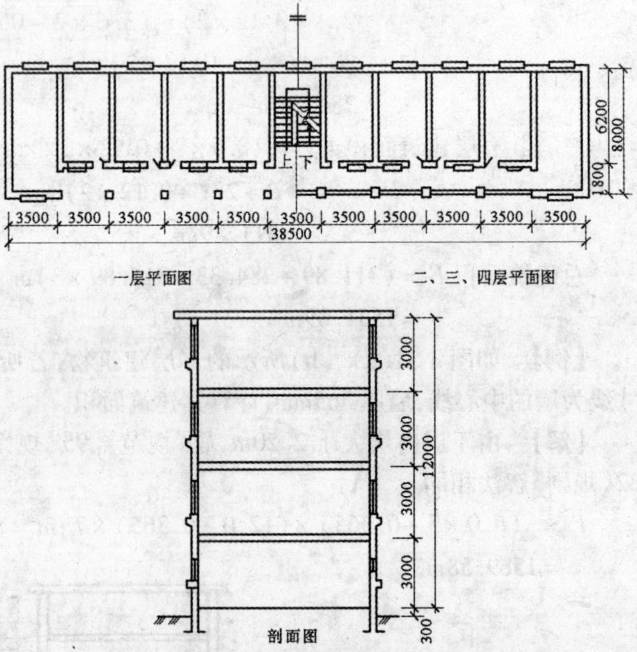

图 3-32 某办公楼示意图(单位:mm)

【解】 此办公楼为四层楼,外墙勒脚以上结构外围与二层及以上外墙结构外围重合,每层均为同一面积。楼梯间按自然层计算面积,走廊按层计算面积。因此,此办公楼可以不分楼梯间和走廊,统一按外墙外围的水平面积计算建筑面积。另层高 $h=3.0>2.20$m,故《规范》、95《规则》和 82《规则》解法相同。

建筑面积 $=[(38.5+0.24)\times(8+0.24)\times4]\text{m}^2=1276.87\text{m}^2$

【例】 有一幢五层住宅楼,由 5 个单元组成,单元平面如图 3-33 所示。前阳台不封闭,后阳台封闭,底层无阳台。外墙厚度各层均为 240mm,试求各单元建筑面积及该幢楼建筑面积。

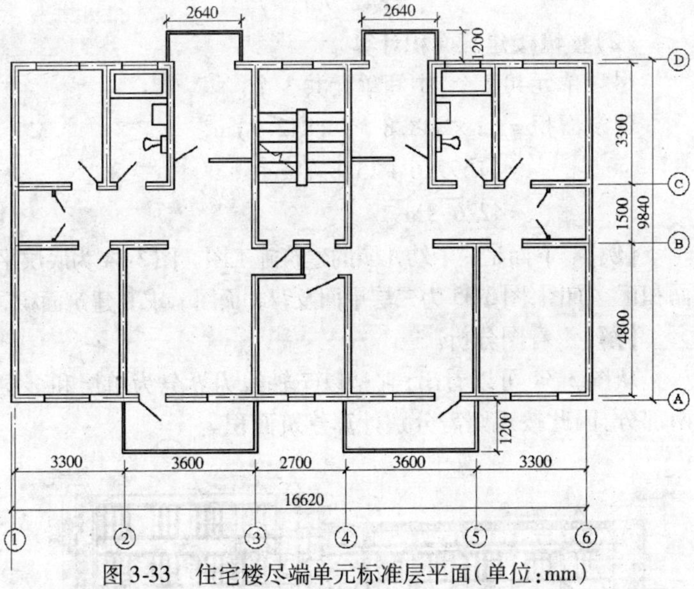

图 3-33　住宅楼尽端单元标准层平面(单位:mm)

【解】 (1)单元建筑面积计算

$$尽端单元建筑面积 = \left[(16.62 \times 9.84) \times 5 + \frac{1}{2} \times (3.84 \times 1.2) \times 8 + \frac{1}{2} \times (2.64 \times 1.2) \times 8\right] m^2$$
$$= (817.70 + 18.43 + 12.67) m^2$$
$$= 848.8 m^2$$

$$中间单元建筑面积 = \left\{\left[(16.62 - 0.12) \times 9.84\right] \times 5 + \frac{1}{2} \times (3.84 \times 1.2) \times 8 + \frac{1}{2} \times (2.64 \times 1.2) \times 8\right\} m^2$$
$$= (811.80 + 18.43 + 12.67) m^2$$

$$=842.9\text{m}^2$$

(2)整幢楼建筑面积计算

尽端单元共 2 个,中间单元共 3 个。

$$\text{建筑面积}=(2\times848.8+3\times842.9)\text{m}^2$$

$$=(1697.6+2528.7)\text{m}^2$$

$$=4226.3\text{m}^2$$

【例】 下面是一个幼儿园的建筑施工图。图 3-34 为底层平面和正立面图,图 3-35 为二层平面及背立面图。求其建筑面积。

【解】 看图分析。

从图 3-34 可以看出,它是以⑦轴线为界分为单层和多层两部分,因此按规则需分别计算建筑面积。

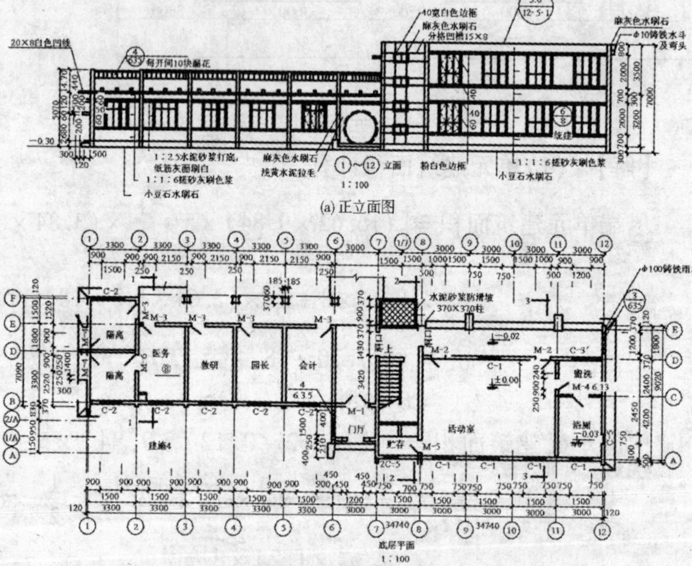

(a) 正立面图

(b) 底层平面图

图 3-34 幼儿园底层平面和正立面图

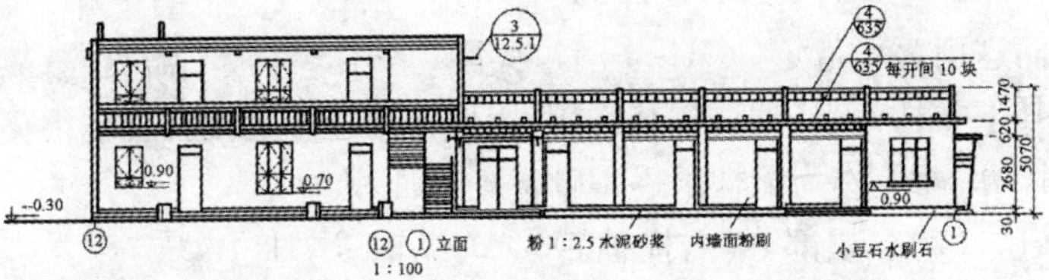

(a) 背立面图

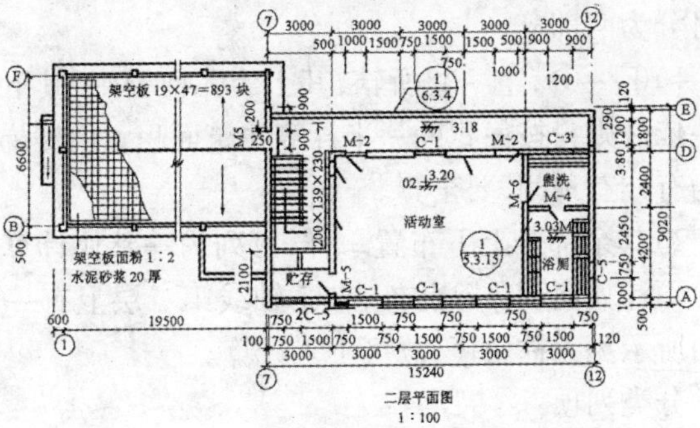

(b) 二层平面图

图 3-35　幼儿园二层平面及背立面图

(1)单层部分(横轴Ⓕ～Ⓑ,纵轴①～⑦)

1)在横轴Ⓕ线上有墙(240)、有柱(370),故外边线不一致。横轴Ⓕ～Ⓔ,纵轴②～⑦,这显然是一个有柱走廊,故应单独列项计算。

2)横轴Ⓕ～Ⓑ,纵轴①～②,这是个规格统一的房间,可以单独计算。

3)横轴Ⓔ～Ⓑ,纵轴②～⑦,办公用房可以列为一个大矩形块进行计算。

4)在Ⓑ轴外,⑥～⑦为一门厅,可列一小矩形计算。Ⓑ轴上墙垛不计算面积。

除上述外，在①轴外，Ⓓ轴处有一斜立柱，上有一雨篷。而这雨篷梁肯定同 M－4 门过梁融为一体，篷板不需支撑，故其下立柱为半砖厚，作装饰用，因此该雨篷不能按独立柱雨篷计算，而应作为无柱雨篷不计算建筑面积。

（2）多层部分（右横轴Ⓔ～Ⓐ，纵轴⑦～⑫）

在图 3-35 中，Ⓔ轴线的背立面图第二层所示为栏杆，因此可分为两部分。

1）Ⓔ～Ⓓ，⑦～⑫所辖，其上为无柱檐廊，其下为无柱走廊。依规则只按面积的一半计算建筑面积。但楼梯间底层进口为有柱有顶间，要全算。

2）其余部分上下布置一样，可列为一整块计算。Ⓐ轴上墙垛不计算面积。除此外，在⑦轴线第二层上有一 M－5，背立面所示为无柱雨篷，故可不入计算。

分类列项：

通过以上分析，该幼儿园的建筑面积，可列为以下 8 项进行计算。

（1）单层隔离间①～②，Ⓕ～Ⓑ。

（2）单层办公房②～⑦，Ⓔ～Ⓑ。

（3）单层有柱走廊②～⑦，Ⓕ～Ⓔ。

（4）单层门厅⑥～⑦，Ⓑ～(1/A)。

（5）二楼无柱檐廊⑦～⑫，Ⓔ～Ⓓ。

（6）一楼无柱直廊⑧～⑫，Ⓔ～Ⓓ。

（7）一楼楼梯间进口⑦～⑧，Ⓔ～Ⓓ。

（8）两楼楼梯间活动室⑦～⑫，Ⓓ～Ⓐ。

然后根据这 8 项分别查取尺寸。

取尺计算：

由图查得尺寸,列表计算见表 3-1

表 3-1　幼儿园建筑面积计算

序号	项目名称		轴线范围	取定尺寸计算式/m	建筑面积/m^2
1	单层部分	隔离间	①~② Ⓕ~Ⓑ	(0.12+3.3+0.12)=3.54 (0.12+1.5+1.8+3.3+0.12)=6.84	24.21
2		办公房	②~⑦ Ⓔ~Ⓑ	(-0.12+3.3×4+3.0-0.12)=15.96 (0.12+1.8+3.3+0.12)=5.34	85.23
3		有柱走廊	②~⑦ Ⓕ~Ⓔ	(-0.12+3.3×4+3.0+0.185)=16.265 (0.185+1.5-0.12)=1.565	25.45÷2=12.73
4		门厅	⑥~⑦ Ⓑ~(1/A)	(0.12+3.0-0.12)=3.00 (-0.12+0.37+0.83+0.95+0.12)=2.15	6.45
5	楼层部分	二楼檐廊	⑦~⑫ Ⓔ~Ⓓ	(0.12+3.0×5+0.12)=15.24 (0.12+1.8-0.12)=1.80	27.432÷2=13.72
6		一楼走廊	⑧~⑫ Ⓔ~Ⓓ	(-0.12+3.0×4+0.12)=12.00 (0.12+1.8-0.12)=1.80	21.6÷2=10.80
7		楼梯进口	⑦~⑧ Ⓔ~Ⓓ	(0.12+3.0+0.12)=3.24 (0.12+1.8-0.12)=1.80	5.83
8		楼梯间活动室	⑦~⑫ Ⓓ~Ⓐ	15.24=15.24 (0.12+2.4+4.2+0.12)=6.84	104.24×2 =208.48
	合计				361.0

【例】 如图 3-36 所示,有一 240mm 墙厚的两层楼平顶房屋,试计算建筑面积。

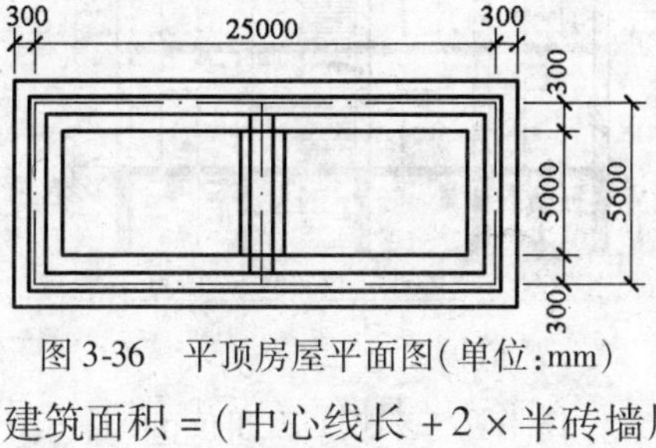

图 3-36　平顶房屋平面图(单位:mm)

【解】 建筑面积 =(中心线长 +2×半砖墙厚)×(中心线宽 +2×半砖厚)×2 层

$$=[(25+0.24)\times(5.6+0.24)\times 2]\text{m}^2$$
$$=294.8\text{m}^2$$

【例】 如图 3-37 所示,计算该建筑物的建筑面积。

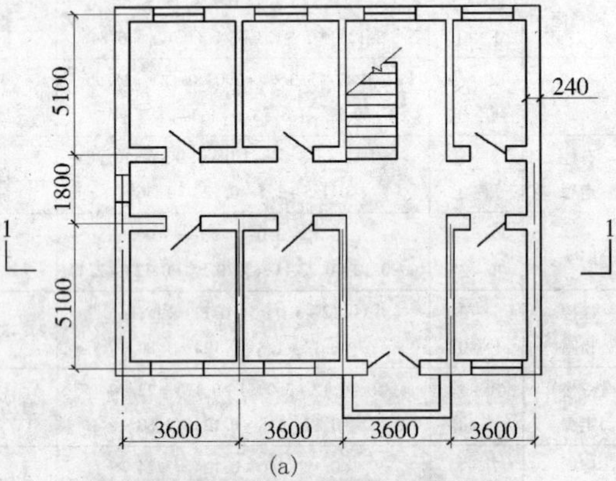

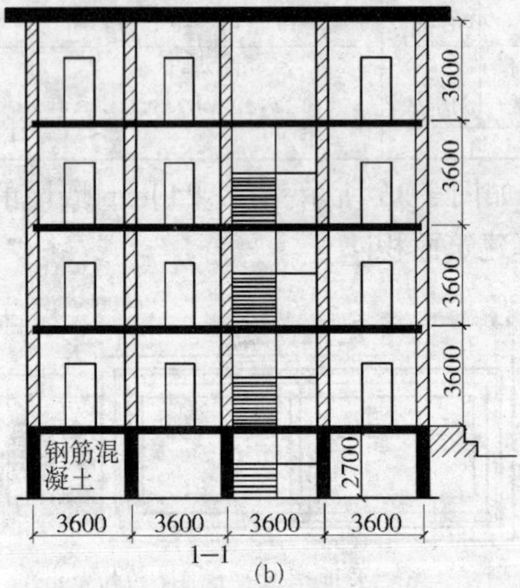

图 3-37 某建筑物(单位:mm)

(a)标准层平面图; (b)立面图

【解】 $S=[(3.6\times4+0.24)\times(5.1\times2+1.8+0.24)\times4+(3.6\times4+0.24)\times(5.1\times2+1.8+0.24)]\mathrm{m}^2$

$=895.97\mathrm{m}^2$

【例】 求如图 3-38(a)、(c)所示无技术层的多层建筑物的建筑面积。

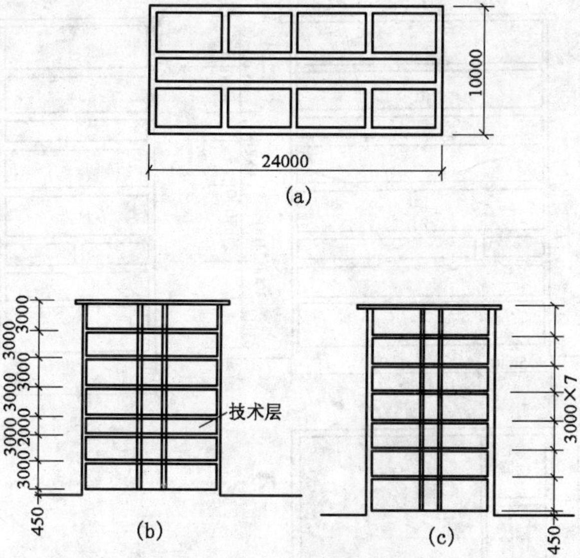

图 3-38 多层建筑物(单位:mm)

【解】 $F=[24.0\times10.0\times7]\mathrm{m}^2=1680.0\mathrm{m}^2$

【例】 如图 3-38(a)、(b)所示,求有技术层的多层建筑物的建筑面积。

当技术层层高小于 2200mm,而且不用作办公室、仓库等时,其建筑面积按 1/2 面积计算。

当技术层层高大于 2200mm 时，计算全面积。

技术层建筑面积仍以外围水平投影面积计算。

【解】 总建筑面积 $F = [24.0 \times 10.0 \times (6 + \frac{1}{2})]\,m^2$

$= 1560m^2$

【例】 求如图 3-39 所示建筑物的建筑面积。

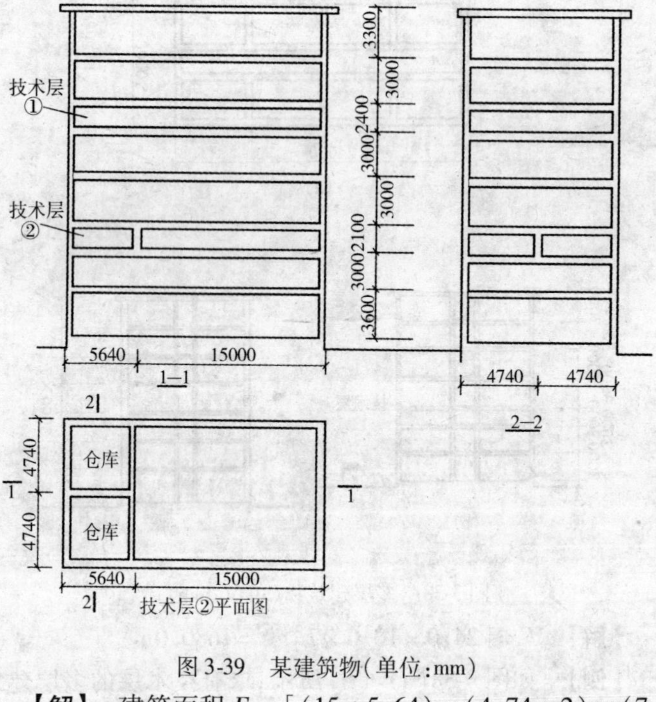

图 3-39 某建筑物(单位:mm)

【解】 建筑面积 $F = [(15 + 5.64) \times (4.74 \times 2) \times (7 + 1/2)]\,m^2 = 1467.50m^2$

【例】 某 6 层砖混结构住宅楼，2 ~6 层建筑平面图均相同,如图3-40所示。阳台为不封闭阳台,首层无阳台,其他均与二层相同。

请计算其建筑面积。

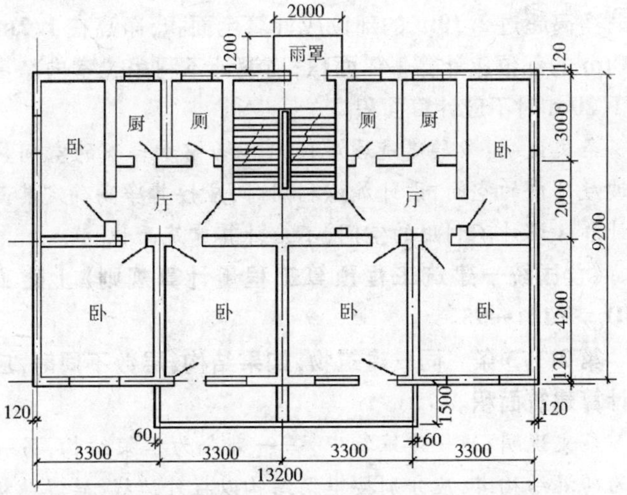

图3-40　某砖混结构住宅楼2~6层平面图(单位:mm)

【解】　首层建筑面积

$S_1=(9.20+0.24)\times(13.2+0.24)\text{m}^2=126.87\text{m}^2$

2~6层建筑面积(包括主体面积和阳台面积)

$$S_{2\sim6}=S_Z+S_Y$$

$S_Z=S_1\times5=(126.87\times5)\text{m}^2=634.35\text{m}^2$

$S_Y=[(1.5-0.12)\times(3.3\times2+0.06\times2)\times5\times1/2]\text{m}^2$

$=23.18\text{m}^2$

$S_{2\sim6}=(634.35+23.18)\text{m}^2=657.53\text{m}^2$

总建筑面积 $=S_1+S_{2\sim6}=(126.87+657.53)\text{m}^2$

$=784.40\text{m}^2$

《建筑工程建筑面积计算规范》土建工程 GB/T 50353—2005

3.0.4　多层建筑坡屋顶内和场馆看台下，当设计加以利用时净高超过 2.10m 的部位应计算全面积；净高在 1.2m 至 2.10m 的部位应计算 1/2 面积；当设计不利用或室内净高不足 1.20m 时不应计算面积。

条文说明：多层建筑坡屋顶内和场馆看台下的空间应视为坡屋顶内的空间，设计加以利用时，应按其净高确定其面积的计算。设计不利用的空间，不应计算建筑面积。

《全国统一建筑工程预算工程量计算规则》土建工程 GJD_{GZ}—101—95

第 2.1.3 条　同一建筑物，如果结构、层数不同时，应分别计算建筑面积。

条文说明：同一建筑物中，若一部分为框架结构，另一部分为砖混结构者，应分别按框架结构以柱外边线、砖混结构以墙外边线分开计算面积，然后按各自的层数分别累加。

本条是对同一建筑物而规定的。建筑物在各层的结构、层数可能因设计或结构要求而不同时，则需分别计算各层建筑面积，再求总和。

【例】　如图 3-41 所示，求同一建筑物结构、层数不同时的建筑面积 F（不计算雨篷面积）。

【解】　同一建筑物如结构、层数不同时，应分别计算建筑面积 。

因主楼为框架结构，辅楼为砖混结构，所以应分别计算框架结构部分（F_1）和砖混结构部分（F_2）建筑面积。

在计算多层建筑物的建筑面积时，可根据平面布置的不同分别计算，以便在计算有关工程量时利用。

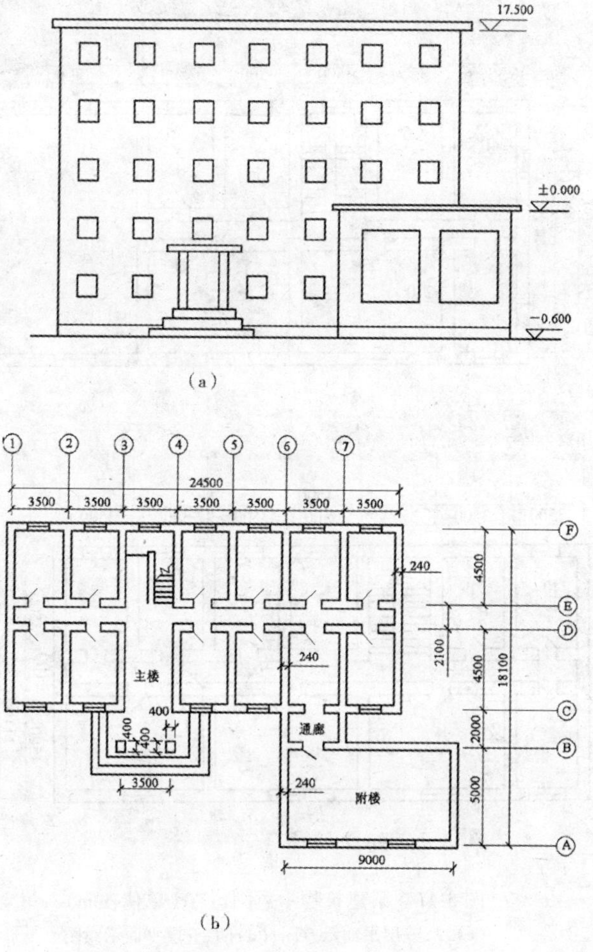

图 3-41　某建筑物示意图(一)(单位:mm)

(a)正立面示意图;(b)底层平面示意图

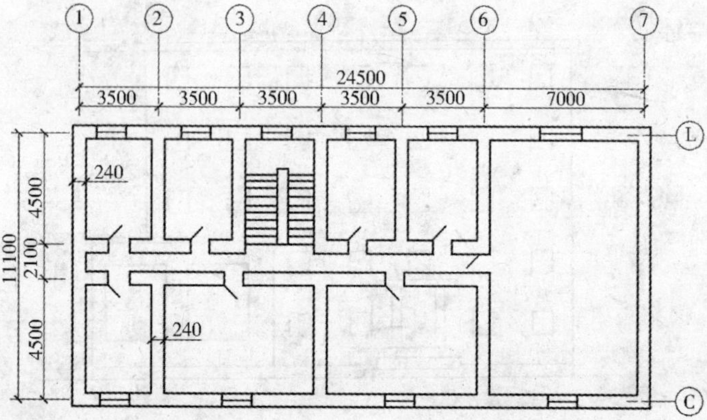

（c）

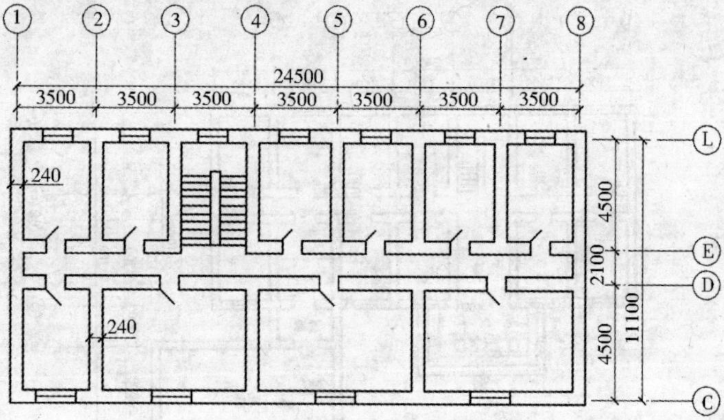

（d）

图 3-41　某建筑物示意图(二)(单位:mm)

(c)二、三层平面示意图;(d)四、五层平面示意图

框架部分(F_1)

底层 $=[(24.50+0.24)\times(11.10+0.24)]\mathrm{m}^2=280.55\mathrm{m}^2$

二、三层 = $(280.55\times2)\mathrm{m}^2 = 561.10\mathrm{m}^2$

四、五层 = $(280.55\times2)\mathrm{m}^2 = 561.10\mathrm{m}^2$

小计:$1402.75\mathrm{m}^2$

砖混结构部分(F_2)

$[(9.00+0.24)\times(5.00+0.24)]\mathrm{m}^2 = 48.42\mathrm{m}^2$

$[(3.50+0.24)\times(2.00-0.24)]\mathrm{m}^2 = 6.58\mathrm{m}^2$

小计:$55.00\mathrm{m}^2$

$F = (1402.75+55.00)\mathrm{m}^2 = 1457.75\mathrm{m}^2$

【例】 求如图 3-42 所示集体宿舍的建筑面积。

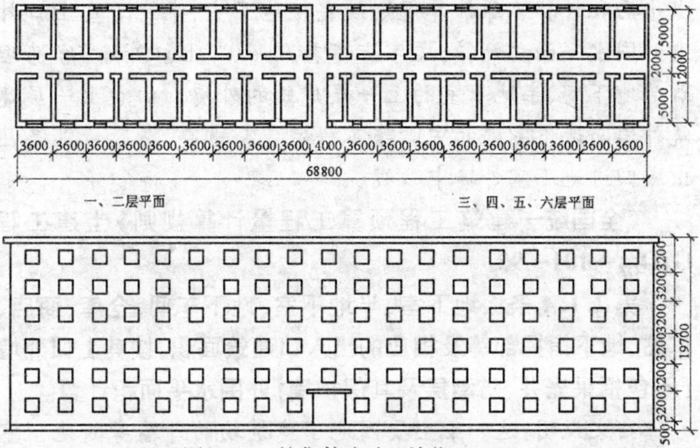

图 3-42 某集体宿舍(单位:mm)

【解】 此集体宿舍为六层,除过道相当于二层高度外,其他部分的建筑面积计算乘 2 相同。

$$建筑面积 = [(68.8+0.24)\times(12+0.24)\times6-(4-0.24)\times(12+0.24)]\mathrm{m}^2$$

$$= (5070.3-46.02)\mathrm{m}^2 = 5024.28\mathrm{m}^2$$

过道虽有两层高度，但只算一层面积，故[(4－0.24)×(12＋0.24)]m^2 是一层过道的净面积。

《建筑工程建筑面积计算规范》GB/T 50353—2005

3.0.5 地下室、半地下室(车间、商店、车站、车库、仓库等)，包括相应的有永久性顶盖的出入口，应按其外墙上口(不包括采光井，外墙防潮层及其保护墙)外边线所围水平面积计算。层高在 2.20m 及以上者应计算全面积；层高不足 2.20m者应计算 1/2 面积。

条文说明：地下室、半地下室应以其外墙上口外边线所围水平面积计算。原计算规则规定按地下室、半地下室上口外墙外围水平面积计算，文字上不甚严密，“上口外墙”容易理解为地下室、半地下室的上一层建筑的外墙。由于上一层建筑外墙与地下室墙的中心线不一定完全重叠，多数情况是凸出或凹进地下室外墙中心线。

《全国统一建筑工程预算工程量计算规则》土建工程 GJD_{GZ}—101—95

第 2.1.4 条 地下室、半地下室、地下车间、仓库、商店、车站、地下指挥部等及相应的出入口建筑面积，按其上口外墙(不包括采光井、防潮层及其保护墙)外围水平面积计算。

条文说明：这一条主要因地下建筑物的外墙身随地下室埋置深度增加，其墙体为抵抗越来越大的压力将会随之增厚，故计算建筑面积时，应以出土墙上口外围尺寸计算(图3-43)。

各种地下室按露出地面的外墙所围的面积计算建筑面积，立面的防潮层及其保护墙的厚度不算在建筑面积之内。如图 3-44 所示。

地下室设采光井是为了满足采光通风的要求，在地下室围护墙的上口开设的矩形或其他形状的井。井的上口设有铁栅，井的一个侧面安装地下室用的窗子。该采光井不计算建筑面积。

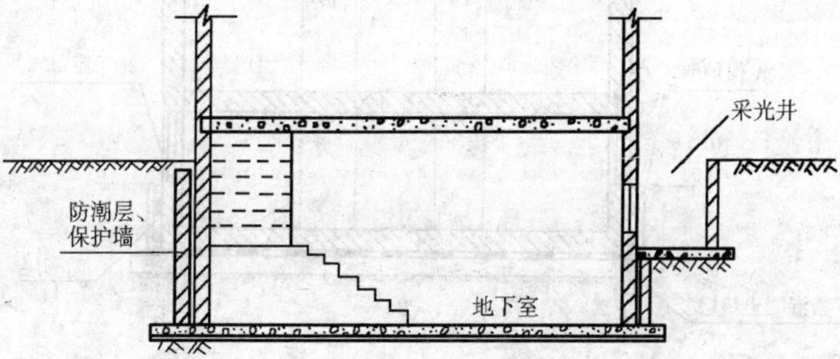

图3-43　地下室建筑面积计算示意图

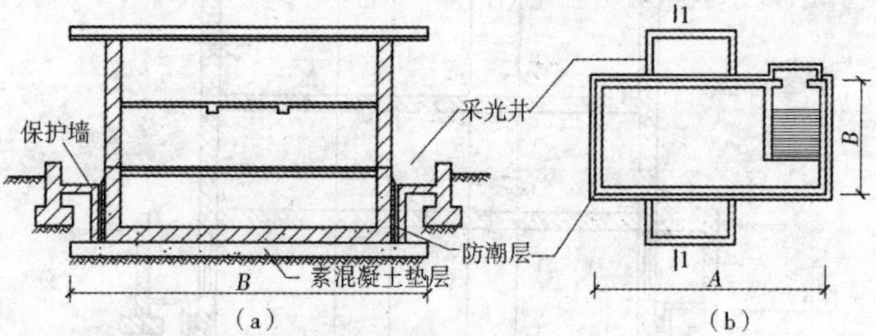

图3-44　地下外围线

《建筑面积计算规则》1982 年

4. 地下室、半地下室、地下车间、仓库、商店、地下指挥部等及相应出入口的建筑面积按其上口外墙(不包括采光井，防潮层及其保护墙)外围的水平面积计算。如图 **3-45**、图 **3-46** 所示。

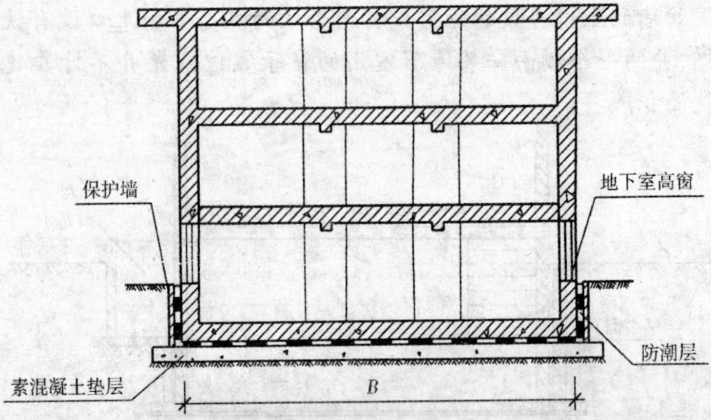

图 3-45　半地下室剖面图

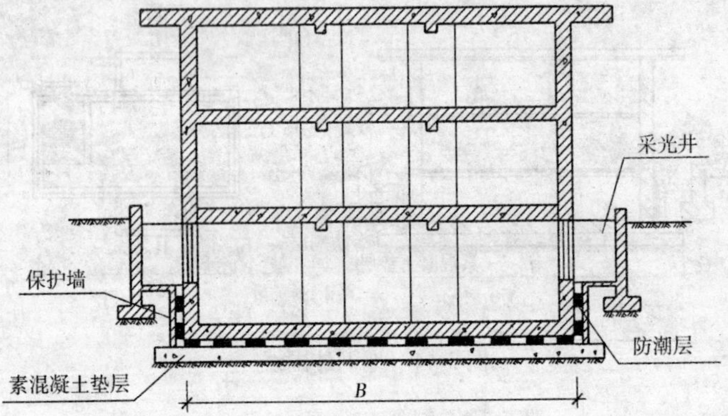

图 3-46　地下室剖面图

【名词释义】　地下室：建筑物下部的地下使用空间称为地下室，地下室一般由墙身、底板、顶板、门窗、楼梯等部分组成，如图 3-47、图 3-48 所示。按埋入地下深度的不同，可分为全地下室和半地下室,如图 3-49 所示。

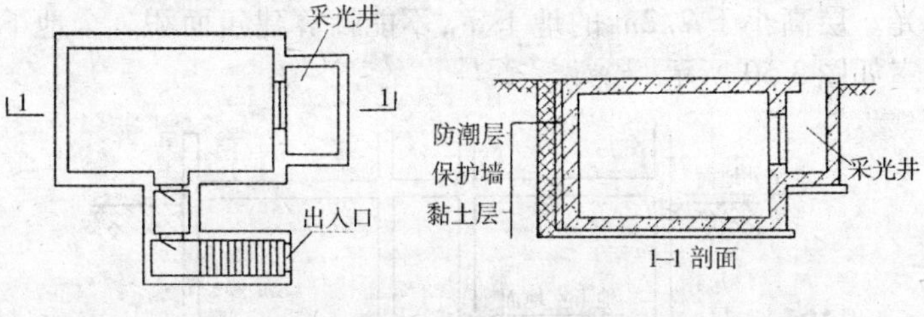

图 3-47　地下室建筑物

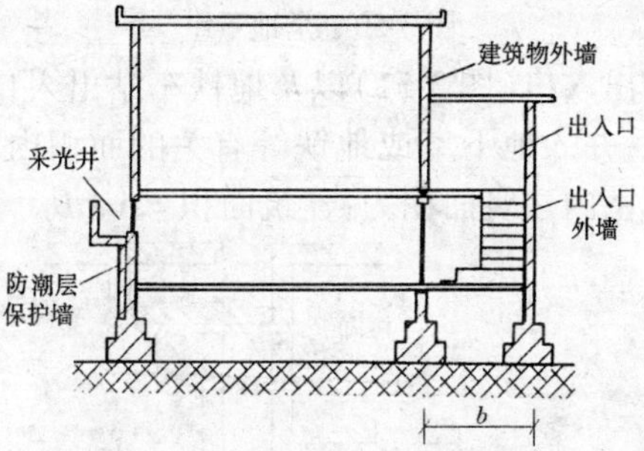

图 3-48　地下建筑面积计算示意图

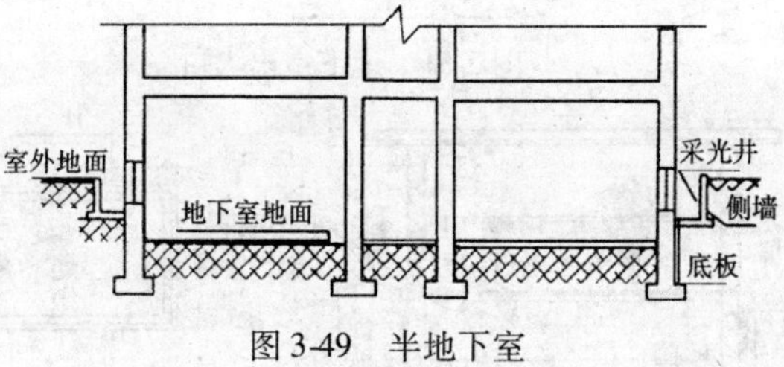

图 3-49　半地下室

全地下室是指地下室地面低于室外地坪的高度超过该房间净高的 1/2;半地下室是指地下室地面低于室外地坪的高

度为该房间净高的 1/3 ~ 1/2,半地下室往往利用采光井采光。层高小于 2.2m 的地下室,不能计算建筑面积。全地下室如图 3-50 所示。

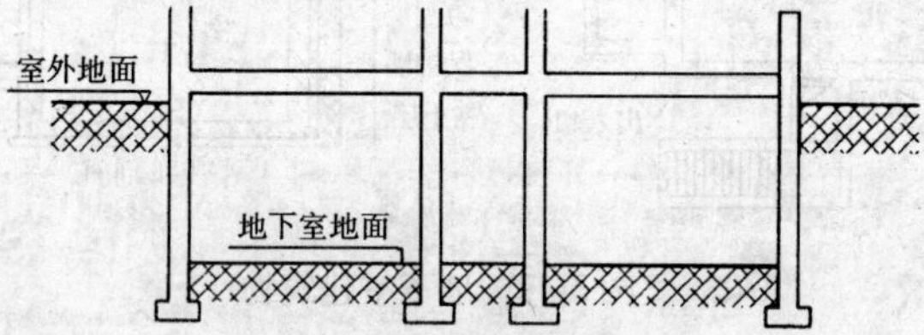

图 3-50　全地下室

地下室出入口(图 3-51)以及地铁车站出入口,均应计算面积,计算后并入地下室或地铁等有关的面积内。如图 3-52 所示的地下室内建筑面积为:建筑面积 = $A \times B$。

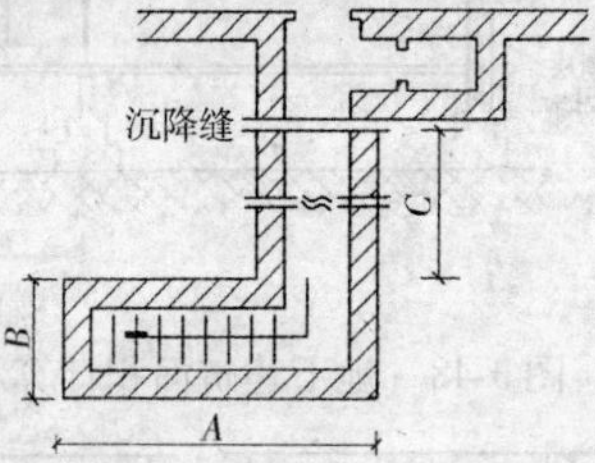

图 3-51　地下室出入口

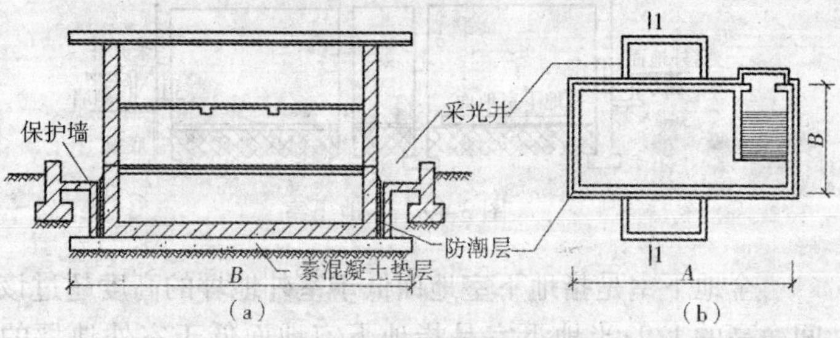

图 3-52　地下室

(a)1 - 1 剖面图;(b)平面图

但地下人防干线支线、人防通道端头为竖向爬梯的安全入口(图 3-53),不计算建筑面积。

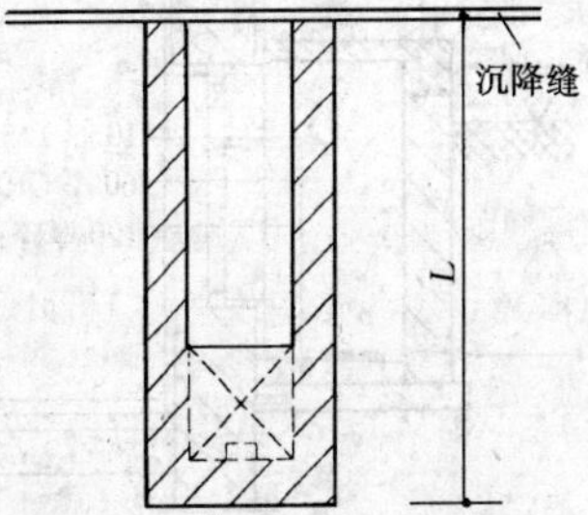

图 3-53　人防通道竖向出入口

地下建筑物工程包括出入口,按其上口外墙(不包括采光井、防潮层及其保护墙)外围水平面积计算建筑面积(图 3-54),其地下人防主、支干道建筑面积,按人防工程有关规定执行。地下建筑物工程不受高度限制。

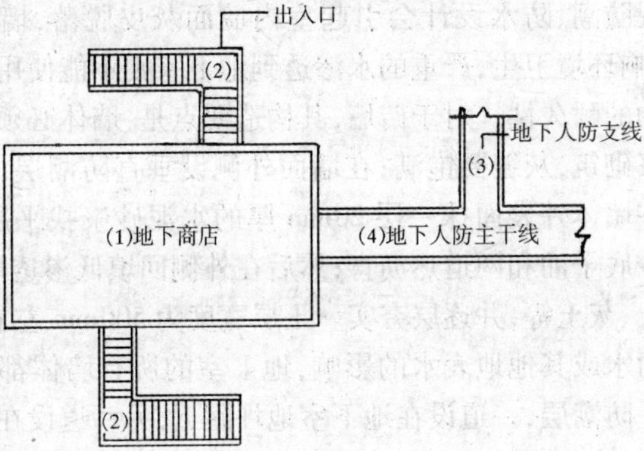

图 3-54

采光井:指在室外地面与地下室外围结构之间所设的孔洞(图 3-55)。

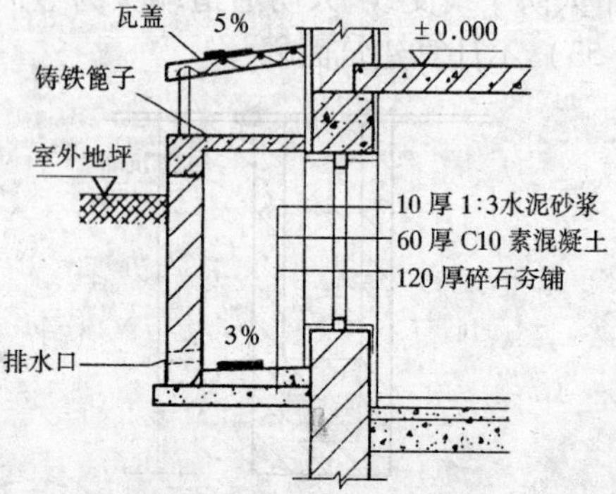

图3-55　采光井构造

防潮层:为了预防地下室的墙身、底板(设置在地面以下),长期受到地潮式地下水的侵蚀而设计的一层设施。如果忽视防潮、防水设计会引起室内墙面灰皮脱落,墙面上生霉,影响环境卫生,严重的水渗透到地下室则不能使用或影响建筑物的耐久性。对于砖墙,其构造要点是:墙体必须采用水泥砂浆砌筑,灰缝要饱满;在墙面外侧设垂直防潮层,其做法是先在墙体外表面抹一层20mm厚的水泥砂浆找平层,再涂一道冷底子油和两道热沥青;然后在外侧回填低渗透性土壤,如黏土、灰土等,并逐层夯实。土层宽度为500mm左右,以防地面雨水或其他地表水的影响,地下室的所有墙体都应设两道水平防潮层,一道设在地下室地坪附近,另一道设在室外地坪以上150～200mm处,以防地潮沿地下墙身或勒脚处侵入室内。

勒脚防潮层:勒脚受潮会影响墙身,解决的方法是在勒脚处设置防潮层。其目的在于隔绝室外雨水及地潮等对墙身的影响,有水平防潮层和垂直防潮层两种。

水平防潮层:水平防潮是对建筑物内外墙体沿勒脚处设水平方向的防潮层以隔绝地潮等对墙身的影响。水平防潮根据材料不同,一般有油毡防潮层、防水砂浆防潮层和配筋细石防潮层、混凝土防潮层等。如图 3-56 所示。

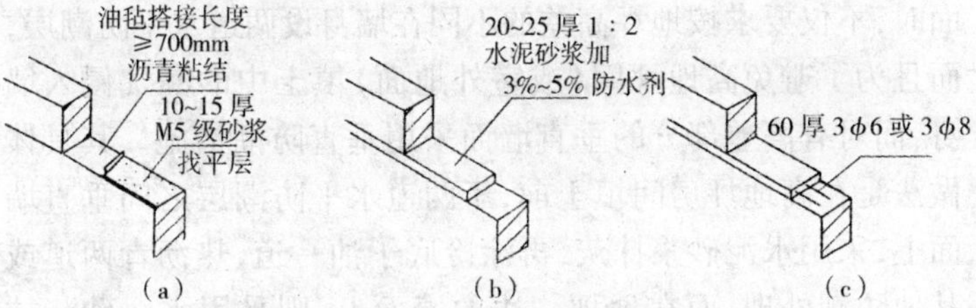

图 3-56　墙身水平防潮层

(a)油毡防潮层;(b)防水砂浆防潮层;(c)细石混凝土防潮层

油毡防潮层具有一定的韧性、延伸性和良好的防潮性能。由于油毡层降低上下砌筑体的粘结力,故油毡防潮层不宜用于一端按固定端考虑的砖砌体和有抗震要求的建筑中,同时油毡的使用寿命一般也只有 20 年左右,因此长期使用将失去防潮作用,目前已较少采用。

砂浆防潮层是在需要设置防潮层的位置铺设水泥砂浆层或用防水砂浆砌筑 1 ~2 皮砖。防水砂浆是在水泥砂浆中,加入水泥量的 3% ~5% 的防水剂配制而成的。但由于砂浆属脆性材料,易开裂,故不宜用于地基会产生微小变形的建筑中,为了提高防潮层的抗裂性能,常采用 60mm 厚的配筋细石混凝土防潮带,由于抗裂性能好,且能与砌体结合为一体,故适用于整体刚度要求较高的建筑中。

水平防潮层应设置在距离外地面150mm以上的勒脚砌体中，以防止地表水反渗的影响。同时，考虑到室内实铺地坪以下填土或垫层的毛细作用，故一般将水平防潮层设置在地坪的结构层（如混凝土层）厚度之间的砖缝外，在设计中常以标高 -0.06m 表示，使其更有效地起到防潮作用（图3-56）。

垂直防潮：在室内地坪出现高差或室内地坪低于室外地面时，不仅要求按地坪高差的不同在墙身设两道水平防潮层，而且为了避免高地坪间（或室外地面）填土中的潮气侵入墙身，而对有高差部分的垂直墙面采用垂直防潮措施。其具体做法是在高地坪房间填土前，于两道水平防潮层之间垂直墙面上，采用水泥砂浆抹灰，再涂冷底子油一道、热沥青两道或其他防潮处理，而在地坪一边的墙面上，则采用水泥砂浆抹灰，再涂冷底子油一道，热沥青（或其他防潮处理），而在低地坪一边的墙面上，则采用水泥砂浆打底的墙面抹灰。

【例】 求图3-57所示地下室的建筑面积。

【解】 建筑面积 $F=(18.0\times10.0+2\times2.5+2\times3.5)\text{m}^2$

$=192\text{m}^2$

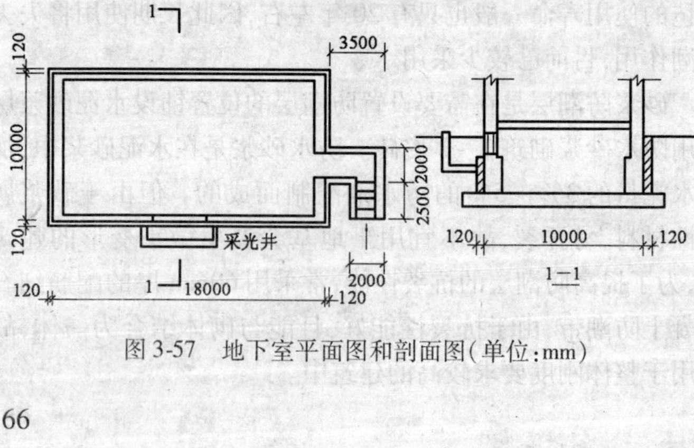

图3-57 地下室平面图和剖面图（单位：mm）

【例】 如图 3-58 所示，求某地下室建筑面积（F）的工程量。

【解】 地下室建筑面积 $F=(14\times10.6+5.6\times1.9)\text{m}^2$
$=159.04\text{m}^2$

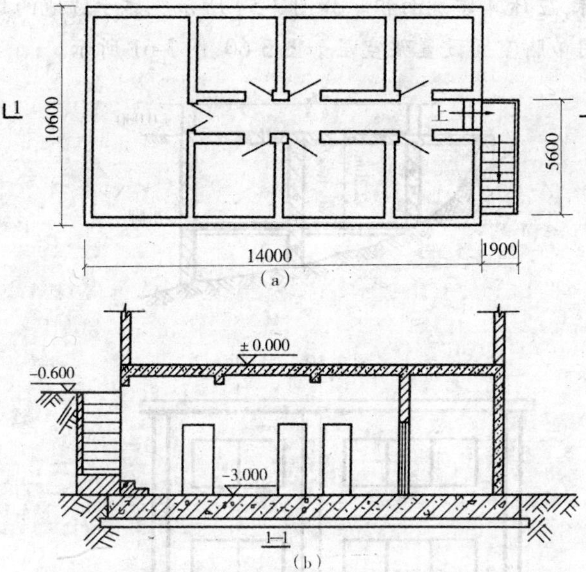

图 3-58 某地下室（单位：mm）
（a）平面图；（b）剖面图

《建筑工程建筑面积计算规范》GB/T 50353—2005

3.0.6 坡地的建筑物吊脚架空层、深基础架空层，设计加以利用并有围护结构的，层高在 2.20m 及以上的部位应计算全面积；层高不足 2.20m 的部位应计算 1/2 面积。设计加以利用、无围护结构的建筑吊脚架空层，应按其利用部位水平面积的 1/2 计算；设计不利用的深基础架空层、坡地吊脚架空

层、多层建筑坡屋顶内、场馆看台下的空间不应计算面积。

条文说明：坡地吊脚是指沿河坡或山坡采用打桩或筑柱来承托建筑物底层板的一种结构。这种结构若加上围护墙（无论是用砖墙、板墙或篱笆墙），只要层高超过 2.2m 且加以利用者，应计算建筑面积。如图 3-59 所示。建于坡地的建筑物利用吊脚空间设置架空层如图 3-60、图 3-61 所示。

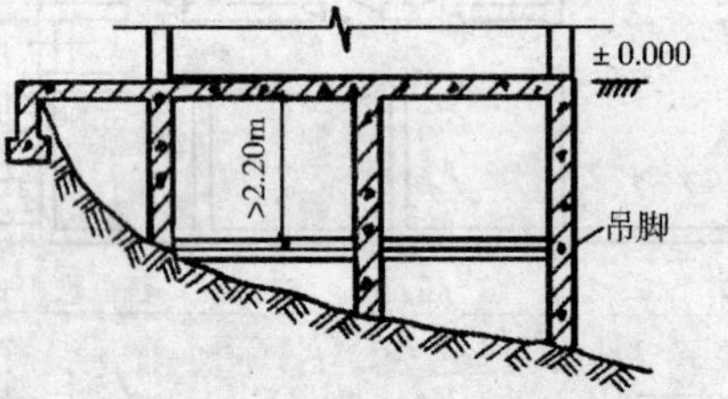

图 3-59　吊脚

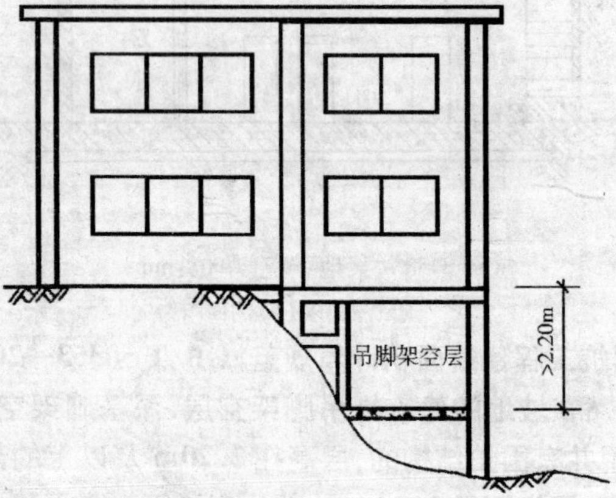

图 3-60　坡地建筑吊脚架空层

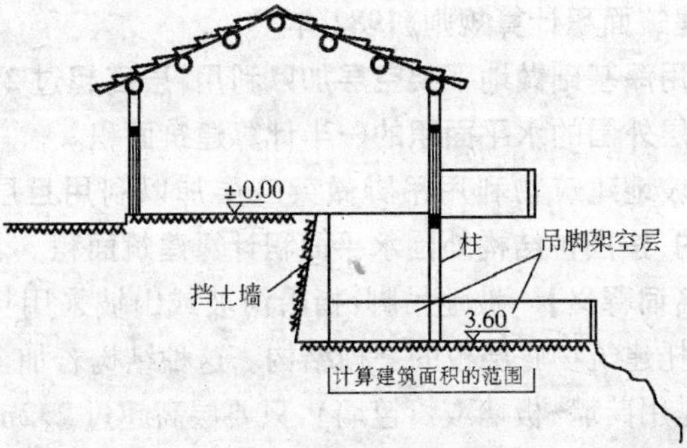

图 3-61　坡地建筑吊脚架空层

《全国统一建筑工程预算工程量计算规则》土建工程 GJD_{GZ}—101—95

第 2.1.5 条　建于坡地的建筑物利用吊脚空间设置架空层和深基础地下架空层设计加以利用时，其层高超过 2.20m，按围护结构外围水平面积计算建筑面积。

条文说明：满樘基础、箱式基础如做架空层，就可以安装一些设备或当仓库用。该架空层层高超过 2.2m 才计算建筑面积。超过 2.2m，指大于 2.2m。如图 3-62 所示。

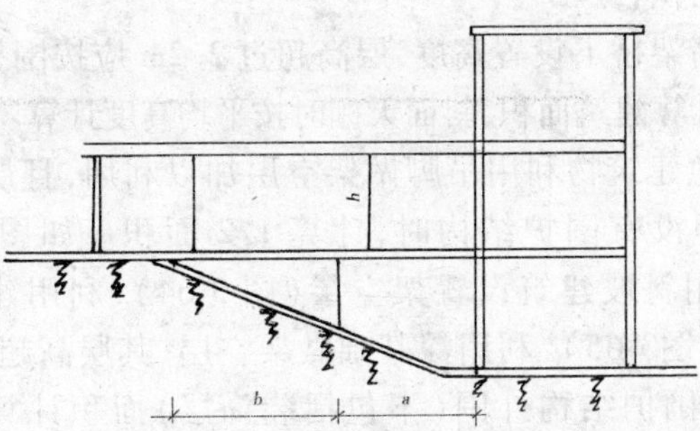

图 3-62　坡地吊脚做架空层

《建筑面积计算规则》1982 年

5. 用深基础做地下架空层加以利用，层高超过 2.2m 的，按架空层外围的水平面积的一半计算建筑面积。

6. 坡地建筑物利用吊脚做架空层加以利用且层高超过 2.2m 的，按围护结构外围水平面积计算建筑面积。

【名词释义】 坡地吊脚：指沿河坡或山坡采用打桩或筑柱来承托建筑物底层板的一种结构。这种结构若加上围护墙（无论是用砖墙，板墙或篱笆墙），只要层高超过 2.2m 且加以利用者，应计算建筑面积。利用凹塘凹地作深基础所形成的架空层，当高度超过 2.2m 且加以利用者，也应计算建筑面积。

深基础：指埋深大于或等于 4m 的。室外设计地面离基础底面积的垂直距离称为基础的埋深。

用深基础做地下架空层加以利用，层高超过 2.2m 时，按四周有围护结构外墙外围面积计算，当外墙面为斜坡时，按平均中线计算。

架空层层高 2.2m，但不做地面及装饰，不设楼梯的不计算建筑面积。

某高架桥下设置高度，层高超过 2.2m 应按围护结构外围面积计算建筑面积，斜面天棚时按平均高度计算。

坡地建筑物利用吊脚做架空层加以利用，且层高超过 2.2m，但没有围护结构时，计算 1/2 面积。如图 3-63 所示。利用斜坡建筑设置架空层（图 3-64），利用建筑物斜坡空间（图3-65），利用深基础做架空层、其层高超过 2.2m 部分，按围护结构外围（不包括装饰层）面积计算建筑面积。

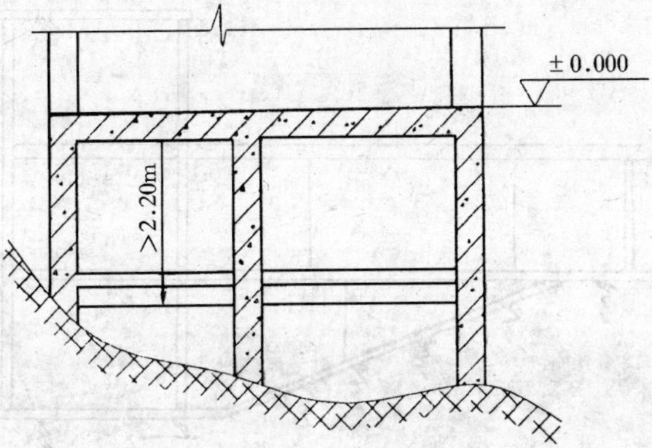

图 3-63　坡地建筑物

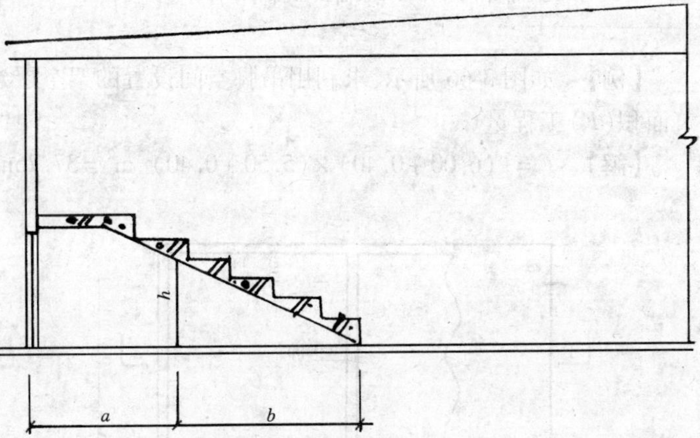

图 3-64　利用体育场斜坡建筑作运动员宿舍

$h=2.2\text{m}$，a 部分计算建筑面积，b 部分不计算建筑面积

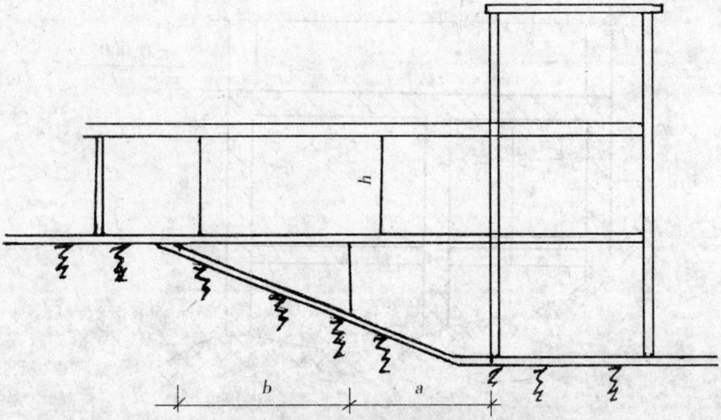

图 3-65　坡地加以利用

$h=2.2\text{m}$，a 部分计算建筑面积，b 部分不计算建筑面积

【例】　如图 3-66 所示，求利用吊脚空间设置的架空层建筑面积(F)工程量。

【解】　$F=[(6.00+0.40)\times(5.50+0.40)]\text{m}^2=37.76\text{m}^2$

图 3-66　利用吊脚空间示意图(一)

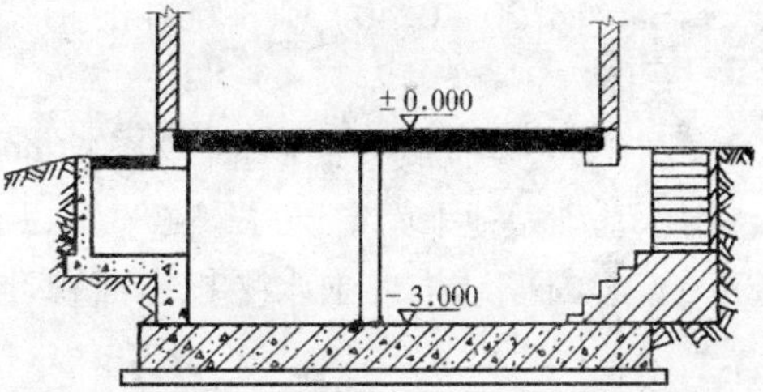

1—1

图 3-66　利用吊脚空间示意图(二)

【例】　如图 3-67 所示,求利用深基础地下架空层建筑面积(F)工程量。

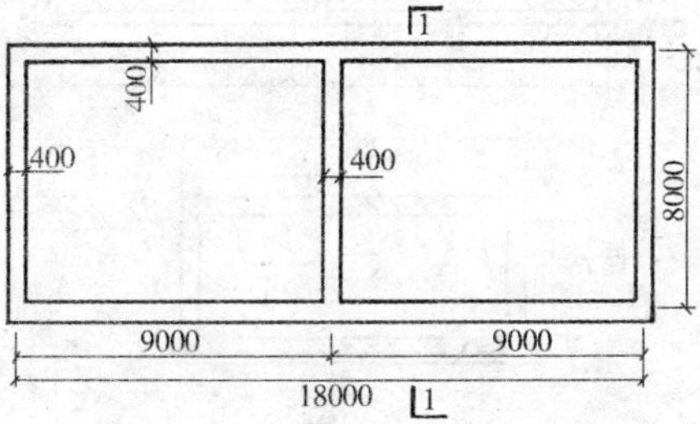

架空层平面示意图(单位:mm)

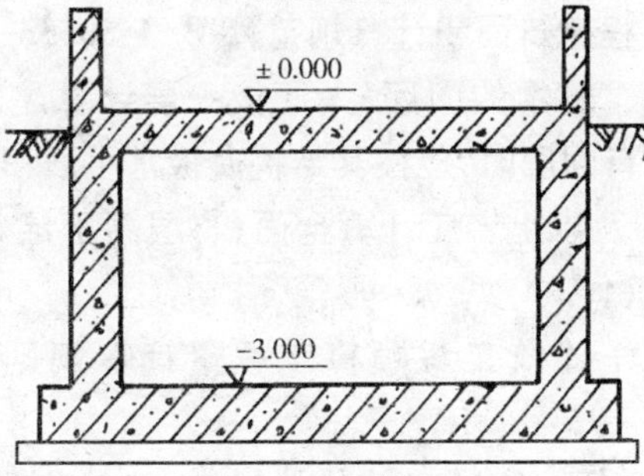

1—1

图 3-67　深基础地下架空层示意图

【解】 $F=[(18.00+0.40)\times(8.00+0.40)]\text{m}^2$

$=154.56\text{m}^2$

【例】 求图 3-68 所示深基础做地下架空层的建筑面积。

【解】 用深基础做地下架空层(图 3-68)加以利用,其层高超过 2.2m 的,按围护结构外围水平投影面积计算建筑面积。

$F=(15.0\times6.0)\text{m}^2=90.0\text{m}^2$

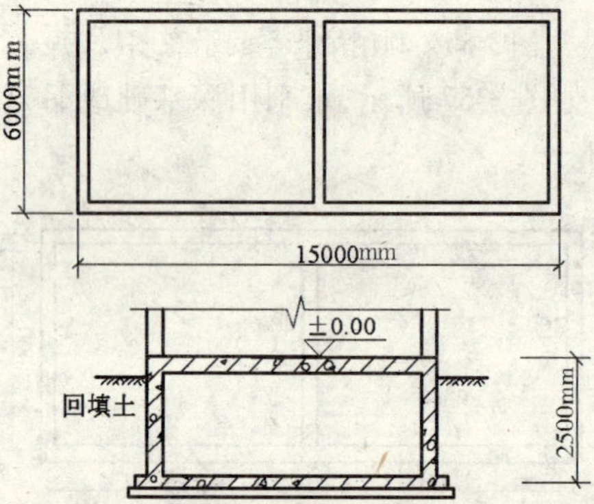

图 3-68

《建筑工程建筑面积计算规范》**GB/T 50353—2005**

3.0.7 建筑物的门厅、大厅按一层计算建筑面积。门厅、大厅内设有回廊时,应按其结构底板水平面积计算。回廊层高在 2.2m 及以上者应计算全面积;层高不足 2.20m 者应计算 1/2 面积。

《全国统一建筑工程预算工程量计算规则》土建工程 **$\textbf{GJD}_{\textbf{GZ}}$—101—95**

第 2.1.6 条　穿过建筑物的通道,建筑物内的门厅、大

厅,不论其高度如何均按一层建筑面积计算。门厅、大厅内设有回廊时,按其自然层的水平投影面积计算建筑面积。

条文说明:(1)如果是单层建筑物,其内的通道和门厅均已包含在整体建筑物的建筑面积内,无须另行计算。

(2)若是楼层建筑,一般通道和门厅因功能需要,内空高度常高于楼层层高,只要内空高度不超过两层楼板高度,其面积也已包含在整体楼层建筑面积之内,也无须另行计算。

(3)若通道门厅层高超过两层楼板层高时,则这一部分的建筑面积只能按一层另行计算,其他部分的楼层均应按自然层计算建筑面积。如图3-69所示。

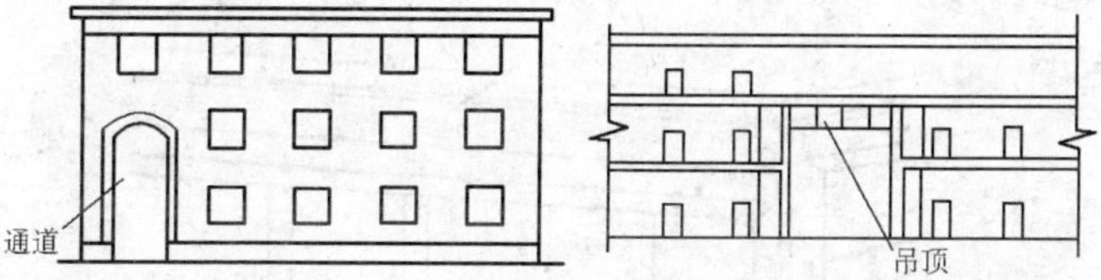

图3-69 通道

《建筑面积计算规则》1982年

7. 穿过建筑物的通道,建筑物内的门厅、大厅不论其高度如何,均按一层计算建筑面积。门厅、大厅内回廊部分按水平投影面积计算建筑面积。

【名词释义】 门厅:建筑物主要出入口处的内外过渡、人流集散的交通枢纽。在一些公共建筑中,门厅除交通联系外,还兼有适应建筑类型特点的其他功能要求,例如:旅馆门厅中的服务台、问讯处或小卖部、门诊所问台,门诊所门厅中的挂号、取药、收费等部分;有的门厅兼有展览、陈列等使用要求。

和所有交通联系部分一样，疏散出入安全也是门厅设计的一个重要内容，门厅对外出入口的总宽度，应不小于通向该门厅的过道、楼梯宽度的总和。人流比较集中的公共建筑物，门厅对外出入口的宽度，一般按每100人0.6m计算，外门的开启方式应向外开启或采用弹簧门扇。

门厅的面积大小，主要根据建筑物的使用性质和规模确定，在调查研究、积累设计经验的基础上，根据相应的建筑标准，不同的建筑类型，有一些面积定额可以参考，例如：中小学的门厅面积为每人0.06~0.08m^2，电影院的门厅面积，按每一观众不小于0.13m^2计算，一些兼有其他功能的门厅面积，还应根据实际要求相应地增加。如图3-70所示。

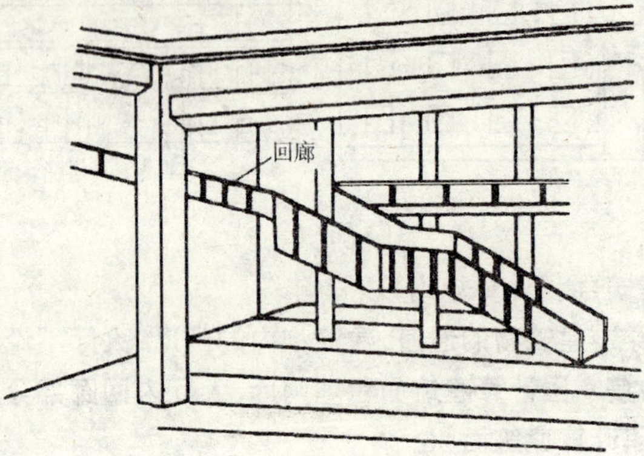

图3-70　大厅回廊示意图

大厅：指招待宾客或人们聚会活动所用的大房间。根据使用的要求不同，有不同的名称，如餐厅、展览厅、舞厅、休息厅等，如图3-71所示、图3-72所示。

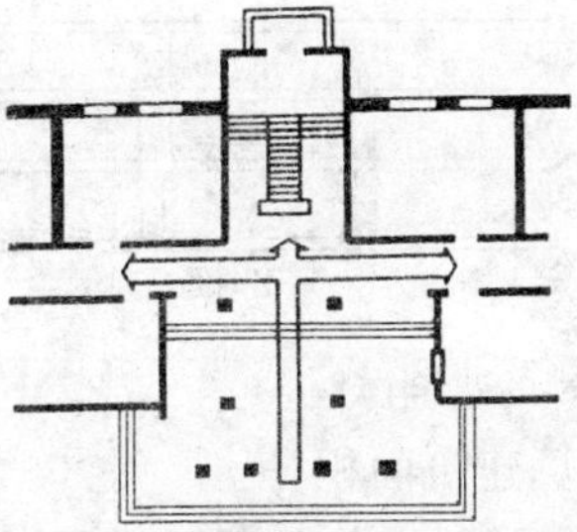

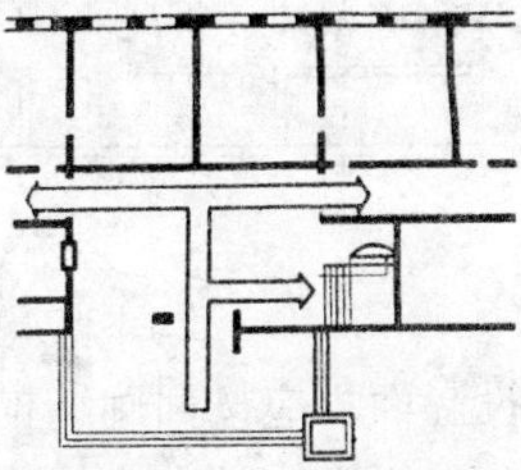

图 3-71　对称的门厅示意图　　图 3-72　不对称的门厅示意图

穿过建筑物的通道、建筑物的门厅、大厅(图3-73),不论其高度如何,均按一层建筑面积计算。内厅、大厅内有回廊时,按其自然层的水平投影面积计算建筑面积。

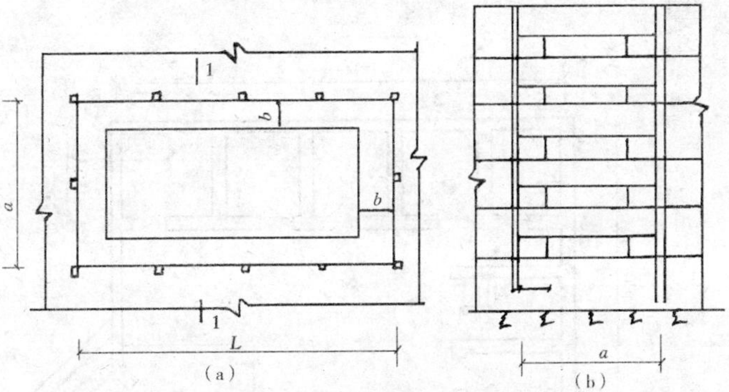

图 3-73　大厅带回廊示意图

(a)平面图;(b)1－1 剖面图

回廊:指曲折环绕的走廊。一般在大剧院、旅馆、舞厅、庭院等建筑中使用较多,它是沿大厅或其他空间的四周布置的。其建筑面积的计算与内走廊相同,如图 3-74 所示。

门厅、大厅内的回廊指的是沿厅边布置的楼层走廊,其水

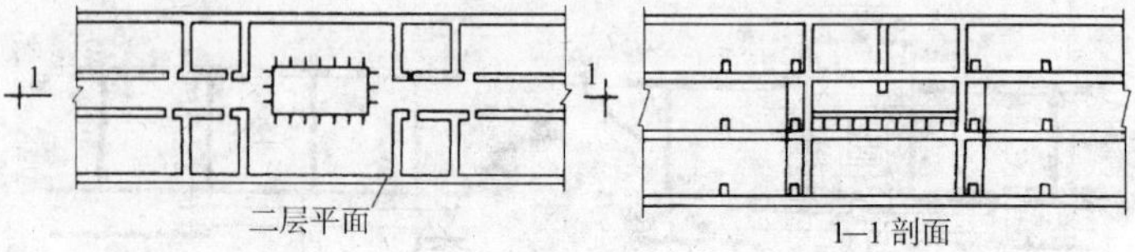

图 3-74　设有回廊的建筑物

平投影面积应按回廊结构底板计算建筑面积。

大厅内直接上二楼回廊的楼梯，应按水平投影面积计算建筑面积。

旋转楼梯上二楼回廊，不论旋转几圈，均按旋转一周的水平投影面积计算建筑面积。

【例】　如图 3-75 所示，求某大厅建筑面积（F）的工程量。

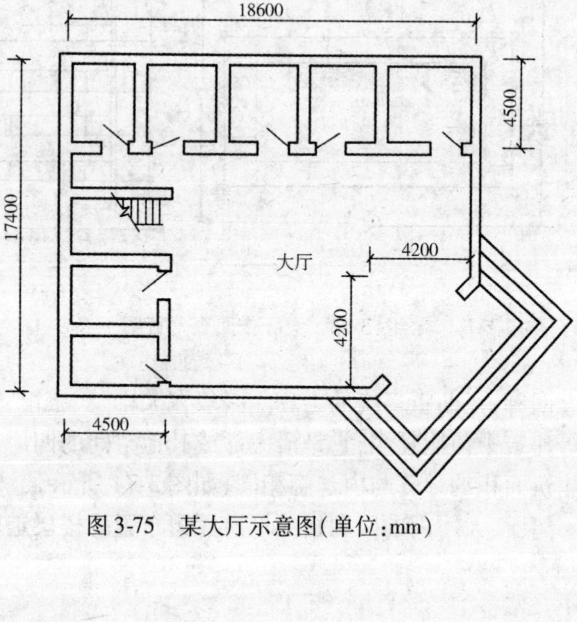

图 3-75　某大厅示意图（单位：mm）

【解】 大厅建筑面积

$F = [(18.6 - 4.5 - 0.24) \times (17.4 - 4.5 - 0.24) - 4.2 \times 4.2 \div 2]\,\text{m}^2$

$= 166.65\text{m}^2$

【例】 如图 3-76 所示,求某大厅回廊建筑面积(F)的工程量。

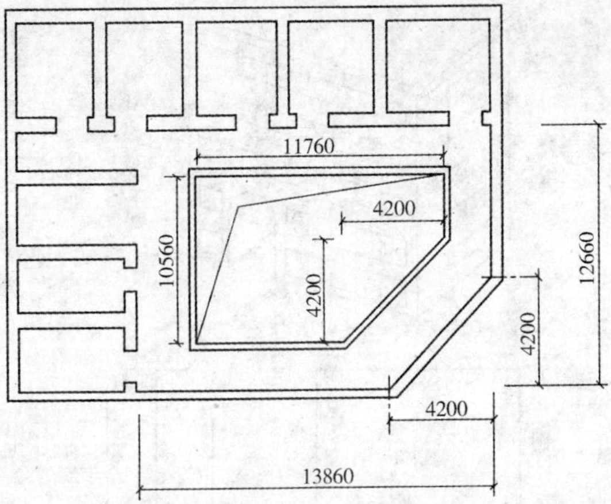

图 3-76 某大厅回廊(单位:mm)

【解】 (1)若回廊层高在 2.2m 及以上者,应计算全面积。

回廊建筑面积 $= [(13.86 \times 12.66 - 4.2 \times 4.2 \div 2 - (11.76 \times 10.56 - 4.2 \times 4.2 \div 2)]\,\text{m}^2$

$= 51.28\text{m}^2$

(2)若回廊层高不足 2.2m 者计算 1/2 面积。

$F = (51.28 \times 1/2)\,\text{m}^2 = 25.64\text{m}^2$

【例】 如图 3-77 所示，求某建筑物的建筑面积（有穿过它的通道）。

【解】 按新规范，建筑物通道不应计算面积，故该建筑物建筑面积计算如下：

$$F=[(12+7+4.2)\times8.4\times5-7\times8.4\times2]\mathrm{m}^2=856.8\mathrm{m}^2$$

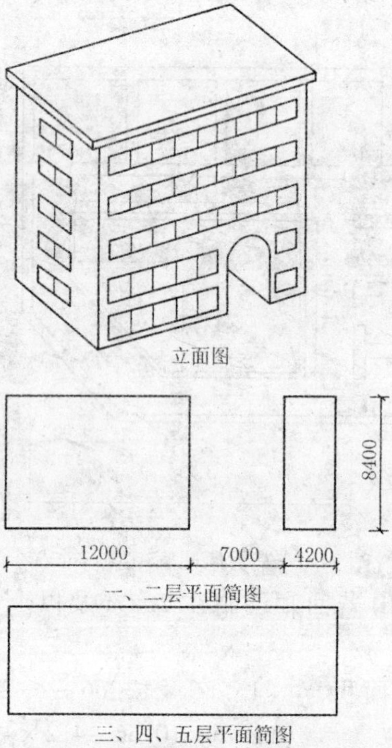

（注：图示尺寸均为外墙、外边线尺寸，单位：mm）

图 3-77

【例】 求图 3-78 所示的建筑物的建筑面积。

【解】 建筑物（图 3-78）设有伸缩缝时应分层计算建筑

面积,并入所在建筑物建筑面积之内。建筑物内门厅、大厅不论其高度如何,均按一层计算建筑面积。门厅、大厅内回廊部分,层高大于2.2m时,计算全面积,层高小于2.2m时,计算1/2面积。

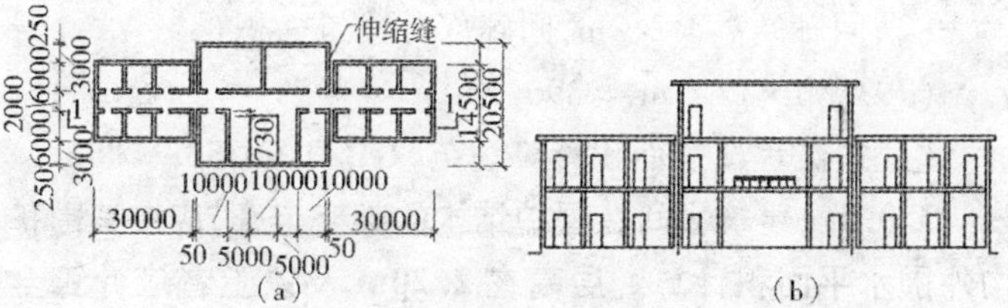

图3-78　某建筑物(单位:mm)

(a)平面图;(b)剖面图

$$F=[20.5\times40\times3+30.05\times14.5\times2\times2-10.0\times(6.0+3.0-0.73)]\text{m}^2$$
$$=(2460+1742.9-82.7)\text{m}^2$$
$$=4120.2\text{m}^2$$

【例】　某实验综合楼设有6层大厅带回廊,其平面和剖面示意图如图3-79所示,试计算其大厅和回廊的建筑面积。

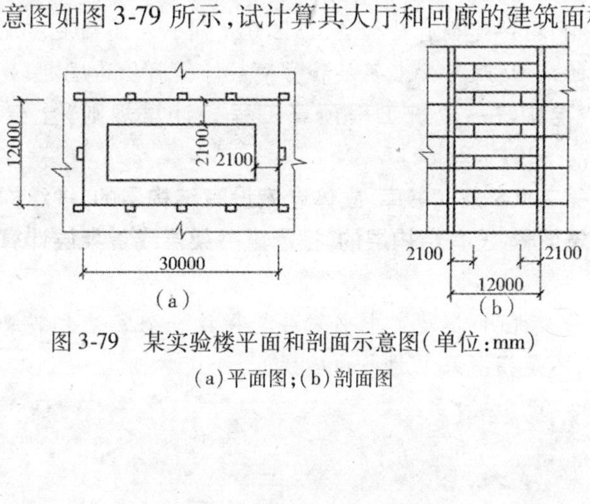

图3-79　某实验楼平面和剖面示意图(单位:mm)

(a)平面图;(b)剖面图

【解】 依据图3-79(a)、(b)所示,计算如下:

大厅部分建筑面积:$(12\times30)m^2=360m^2$

(1)回廊层高≥2.2m,回廊部分建筑面积:

$[(30-2.1+12-2.1)\times2.1\times2\times5]m^2=793.80m^2$

(2)回廊层高<2.2m,回廊部分建筑面积:

$(793.80\times1/2)m^2=396.9m^2$

《建筑工程建筑面积计算规范》GB/T 50353—2005

3.0.8 建筑物间有围护结构的架空走廊,应按其围护结构外围水平面积计算。层高在2.20m及以上者应计算全面积;层高不足2.20m者应计算1/2面积。有永久性顶盖无围护结构的应按其结构底板水平面积的1/2计算。

3.0.9 立体书库、立体仓库、立体车库,无结构层的应按一层计算,有结构层的应按其结构层面积分别计算。层高在2.20m及以上者应计算全面积;层高不足2.20m者应计算1/2面积。

条文说明:本条对原规定进行了修订,并增加了立体车库的面积计算。立体车库、立体仓库、立体书库不规定是否有围护结构,均按是否有结构层,应区分不同的层高确定建筑面积计算的范围,改变按书架层和货架层计算面积的规定。

《全国统一建筑工程预算工程量计算规则》土建工程 GJD_{GZ}—101—95

第2.1.8条 书库、立体仓库设有结构层的,按结构层计算建筑面积,没有结构层的,按承重书架层或货架层计算建筑面积。

条文说明:本规定中书架层是指放一个完整大书架的承重层,不是指书架上放书的层数。

书架层按实际的水平投影面积计算建筑面积。

《建筑面积计算规则》1982 年

8. 图书馆的书库按书架层计算建筑面积。

【名词释义】 书库、仓库的结构层是指承受库物的承重层，书库称为阶层，仓库称为货仓层，由于存书堆货都要受到一定高度的限制，因此常将两层楼板间再分隔 1 ~ 2 层，满间设为结构层，部分设为书（货）架层。均按其各层的水平投影面积计算建筑面积。

一个结构层内以钢架分成上下几个书库的，仍按一层建筑面积计算。

图书馆的书库，按结构层计算建筑面积，一个结构层内经钢架分成上下两层书库的，仍按一层来计算建筑面积。如图 3-80所示。

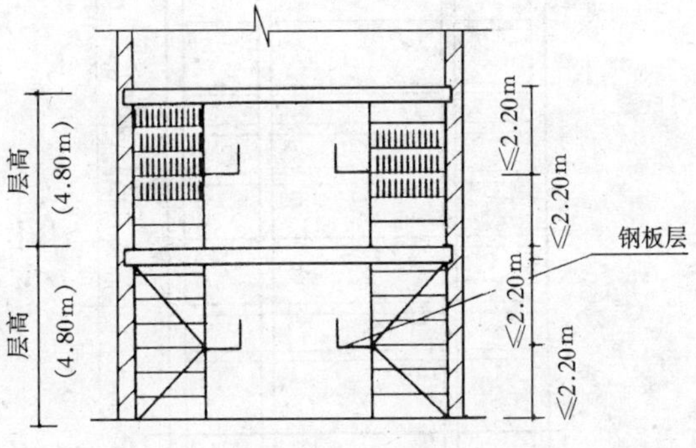

图 3-80　书架层

【例】 如图 3-81 所示，求其技术层的建筑面积（F）。

【解】 小于 2.2m 的夹层计算 1/2 面积。

$$\text{建筑面积}F = [(5.4 \times 2 + 0.24) \times (3.0 + 2 + 2 + 0.24) \times 8.5]\text{m}^2$$
$$= 679.40\text{m}^2$$

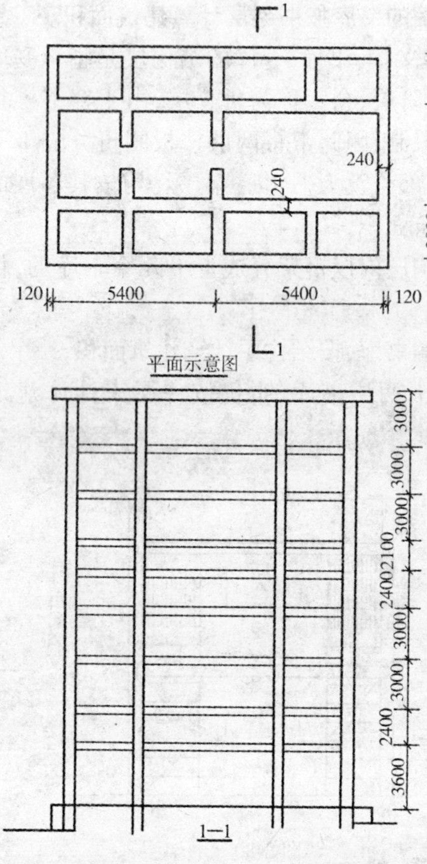

图3-81　建筑物内设备管通层、技术层示意图(单位:mm)

【例】 求如图3-82所示的有书架层的图书馆书库的建筑面积。

【解】 图书馆建筑面积 $F = \{12 \times 9 \times 5 + [6 \times 9 + 6 \times (12 + 6)] \times 10\}\ \mathrm{m}^2 = 2160\mathrm{m}^2$

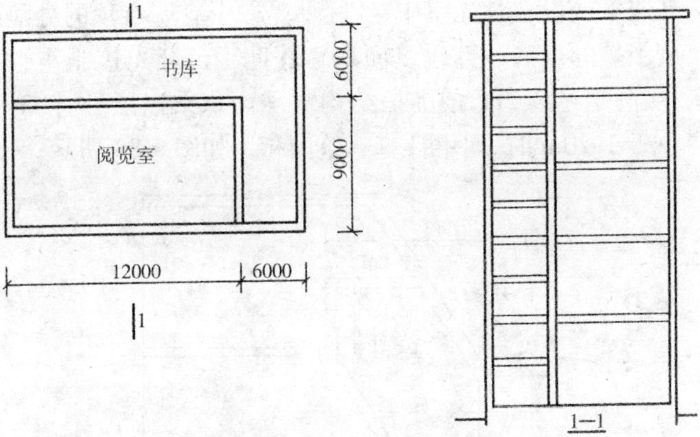

图 3-82 有书架层的图书馆书库(单位:mm)

《建筑工程建筑面积计算规范》GB/T 50353—2005

3.0.10 有围护结构的舞台灯光控制室,应按其围护结构外围水平面积计算。层高在 2.2m 及以上者应计算全面积;层高不足 2.20m 者应计算 1/2 面积。

《全国统一建筑工程预算工程量计算规则》土建工程 GJD_{GZ}—101—95

第 2.1.9 条 有围护结构的舞台灯光控制室,按其围护结构外围水平面积乘以层数计算建筑面积。

条文说明:若有围护结构的舞台灯光控制室只有一层,不再另行计算建筑面积,因算整个建筑面积时已包括在内。

《建筑面积计算规则》1982 年

10. 舞台灯光控制室按围护结构外围水平面积乘以实际层数计算建筑面积。

【名词释义】 大部分剧院将舞台灯光控制设在舞台内侧夹层上或设在耳光室中，实际上是一个有墙有顶的分隔间，应按围护的层数计算建筑面积。并且舞台灯光控制室、放映室、层高超过2.2m，按围护结构水平面积乘以层数计算。层高小于2.20m时，均不计算建筑面积。如图3-83所示。

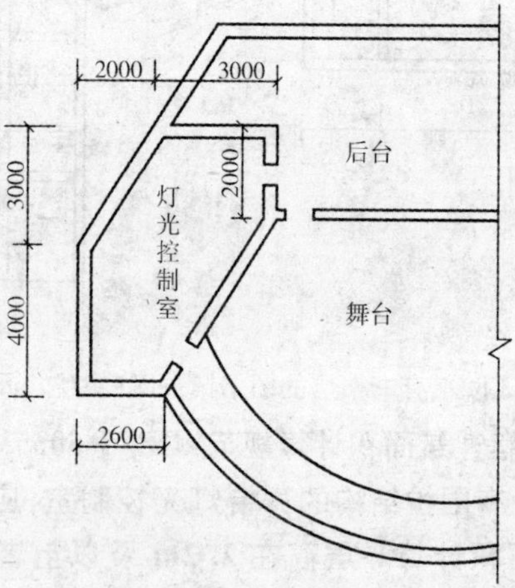

图3-83 有围护结构的舞台灯光控制示意图(单位:mm)

【例】 如图3-83所示，求舞台灯光控制室建筑面积(F)的工程量。

【解】 F=长方形面积-左上角三角形面积-右下角三角形面积

$$F = [(2+3)\times(3+4)-2\times3\div2-(2+3-2.6)\times(3+4-2)\div2]\,m^2$$

$$=26.0m^2$$

《建筑工程建筑面积计算规范》GB/T 50353—2005

3.0.11　建筑物外有围护结构的落地橱窗、门斗、挑廊、走廊、檐廊，应按其围护结构外围水平面积计算。层高在2.20m及以上者应计算全面积；层高不足2.20m者应计算1/2面积。有永久性顶盖无围护结构的应按其结构底板水平面积的1/2计算。

条文说明：本条规范在原规则的基础上，增加了对建筑物外有围护结构的落地橱窗、门斗、挑廊、檐廊的高度的规定。以2.20m为分界，层高在2.20m及以上者计算全面积，而层高不足2.20m者应计算1/2面积。

《全国统一建筑工程预算工程量计算规则》土建工程 GJD_{GZ}—101—95

第2.1.13条　建筑物外有围护结构的门斗、眺望间、观望电梯间、阳台、橱窗、挑廊、走廊等，按其围护结构外围水平面积计算建筑面积。

《建筑面积计算规则》1982年

15. 突出墙外的门斗按围护结构外围水平面积计算建筑面积。

16. 封闭式阳台、挑廊，按其水平投影面积计算建筑面积。凹阳台、挑阳台按其水平投影面积的一半计算建筑面积。

【名词释义】　门斗：主要要求是满足防寒挡风，防止冷风直接进入大厅。根据需要可以做成两种，一种是内门斗（不突出主墙外），另一种是外门斗（突出主墙）。有围护结构，门外加门是门斗的主要特征。

门斗是用于防寒、防尘的过渡交通间。分为凸出墙外的"外门斗"和不凸出墙外的"内门斗"。内门斗不另行计算建筑面积,外门斗按凸出主墙身外的门斗廊外边线尺寸计算建筑面积。

本条中所讲述的围护结构,泛指砖墙、玻璃幕墙和封闭玻璃窗等。

建筑物外有围护结构的门斗、眺望间、观望电梯间、橱窗等,按围护结构外围水平面积计算建筑面积。如图 3-84 所示。

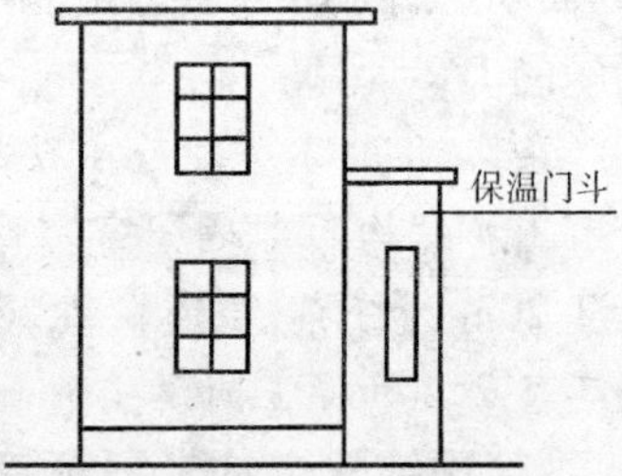

图 3-84 保温门斗示意图

主墙的大门外的附属建筑有门廊和门斗,都是供人临时停留,遮风挡雨衔接内外空间的地方。但门廊大多数满足房屋立面处理要求,起美化衬托作用,一般都带有廊柱,比雨篷面积大,没有围栏及附门。

挑廊:从结构方式上命名的,它是指从房屋主墙悬挑出去的走廊。一般在多层楼房中使用这种结构,如图 3-85所示。

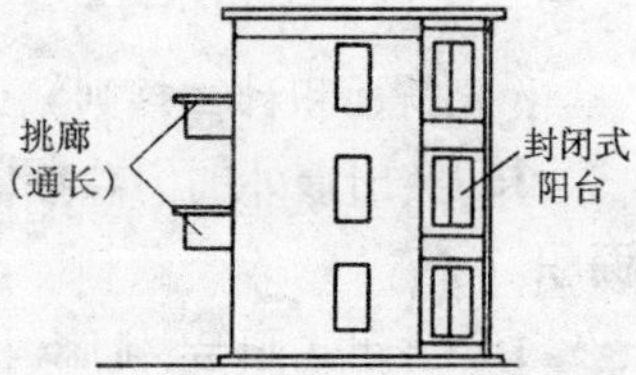

图 3-85 封闭式阳台、挑廊

阳台:悬挑于建筑物每一层的外墙上,是连接室外平台,给居住在多(高)层建筑物的人们提供一个舒适的室外活动空间,让人们足不出户,就能享受到大自然的新鲜空气和明媚阳光,还可以起到观景、纳凉、晒衣、养花等多种作用,改变单元住室给人们造成的封闭感和压抑感,是多层住宅、高层住宅和旅馆等建筑中不可缺少的一部分。

1. 阳台的类型

阳台按其与外墙面的关系分为挑阳台、凹阳台、半挑半凹阳台；按其在建筑中所处的位置，可分为中间阳台和转角阳台，如图 3-86 所示。

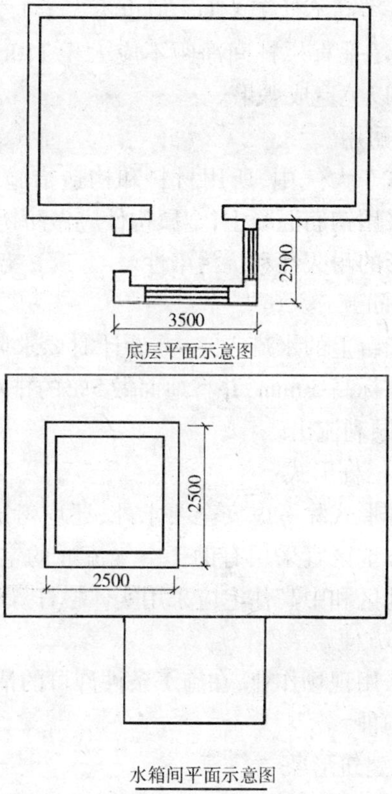

图 3-86　某建筑示意图(单位:mm)

2. 阳台应满足的设计要求

(1)安全适用

悬挑阳台的挑出长度不宜过长,应保证在荷载作用下不发生倾覆现象,以1~1.5m为宜,过小不便使用,过大增加结构自重。低层、多层住宅阳台栏杆净高不低于1.05m,中高层住宅阳台栏杆净高不低于1.1m,但也不大于1.2m,阳台栏杆形式应防坠落(垂直栏杆间净距不应大于110mm),防攀爬(不设栏杆),以免造成恶果。

(2)坚固耐用

阳台暴露于大气中,所用材料和构造措施应经久耐用。承重结构宜采用钢筋混凝土,金属构件应做防锈处理,表面装修应注意色彩的耐久性和抗污染性。

(3)排水问题

为防止阳台上的水流入室内,设计时要求阳台地面标高低于室内地面标高50mm,并将地面做5%的排水坡导入排水孔,使雨水能顺利流出。

(4)阳台栏杆形式

阳台栏杆形式除考虑安全要求外,还应考虑南方地区气候特点。南方地区宜采用有助于空气流通的空透气式栏杆,而北方寒冷地区和中高住宅应采用实体栏杆。

(5)施工方便

尽可能采用现场作业,在施工条件许可的情况下,宜采用大型装配式构件。

(6)美化建筑形象

对于千篇一律的居住建筑来讲,阳台是一种最容易装饰的建筑物构件。可以利用阳台的形状、排列方式、色彩图案,给建筑物带来一种韵律感，为建筑物的形象增加光彩。

3. 阳台的布置方式

(1)挑梁式

当楼板为预制楼板、结构布置为横墙承重时，可选择挑梁式。即从横墙内外伸挑梁，其上搁置预制楼板，阳台荷载通过挑梁结合纵横墙。由压在挑梁上的墙体和楼板来抵抗阳台的倾覆力矩。这种结构布置简单，传力直接明确，阳台长度与房间开间一致，也可将阳台长度延长几个房间形成通长阳台。挑梁截面高度为(1/5 ~1/6)L，L 为悬挑净长，截面宽度为(1/2 ~1/3)h。为美观起见，可在挑梁端头设置面梁头，又可承受阳台栏杆重量，还可以加强阳台的整体性。如图 3-87 所示。

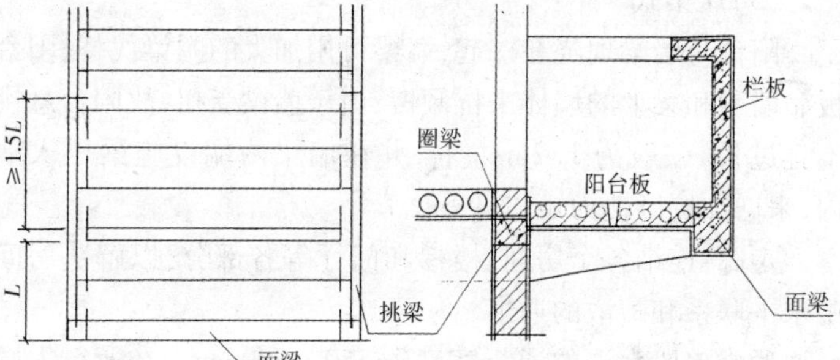

图 3-87　挑梁式阳台

(2)挑板式

当楼板为现浇楼板时，可选择挑板式。即从楼板外延挑出平板，阳台荷载直接传给纵墙而现浇楼板来抵抗阳台的倾覆力矩。挑板式阳台板底平整美观，且阳台平面形状可做成半圆形、弧形、梯形、斜三角等各种形状。挑板厚度不小于挑出长度的 1/2。如图 3-88 所示。

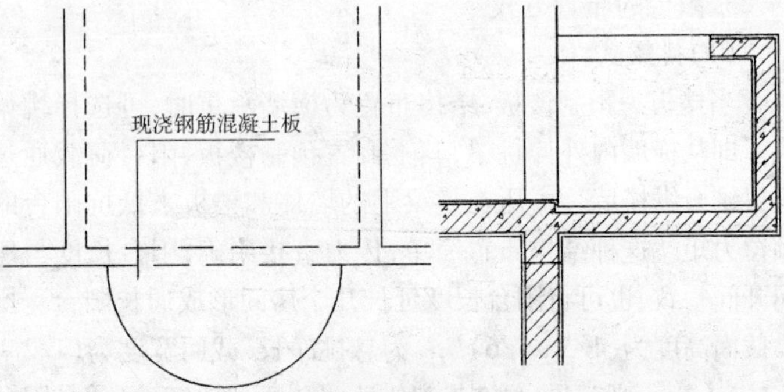

图 3-88 挑板式阳台

(3)压梁式

阳台与墙梁现浇在一起,墙梁可用加大的圈梁代替,阳台板靠墙梁和梁上的墙体来抗倾覆,由于墙梁受扭,故阳台悬挑不宜过长,一般为 1.2m 左右,并在墙梁两端设施梁压入墙内,来增加抗倾覆力矩。

走廊:连结各个房间、楼梯和门厅等各部分,以解决房间中水平联系和疏散的通道 。

通常单股人流的通行宽度约 550 ~ 600mm。在通行人数少的住宅过道中,考虑到两人相对通过和搬运家具的需要,过道的最小宽度也不宜小于 1100 ~ 1200mm。公共建筑门扇开向过道时,过道宽度不宜小于 1500mm

例如:中小学教学楼中过道宽度,根据过道联接教室的多少,常采用 1800mm(过道一侧设教室)或 2400mm(过道两侧设教室)左右,设计过道的宽度应根据建筑物的耐火等级、层数和过道中通行人数的多少,进行防火要求最小宽度的校核。

【例】 如图 3-89 所示，求室外门斗的建筑面积(F)。

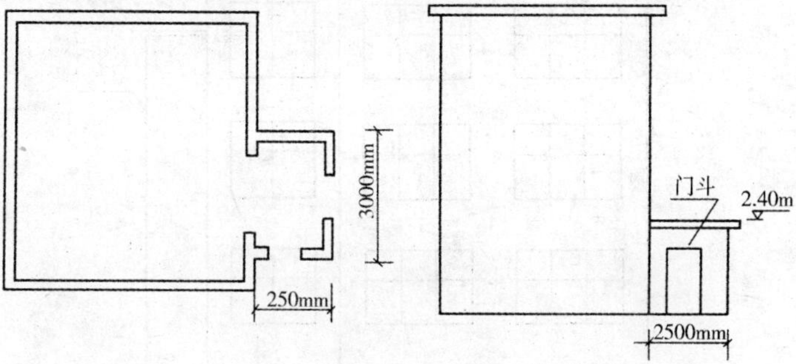

图 3-89

【解】 因门斗高 2.4m＞2.2m，故按全面积计算。

$$F=(2.5\times 3)\text{m}^2=7.5\text{m}^2$$

【例】 如图 3-90 所示，均为封闭式阳台，求建筑面积(F)。

【解】 $F=\{[2.0\times(4.5+0.24)+2.0\times(4.5+0.12)\times 2]\times 4\times\frac{1}{2}\}\text{m}^2$

$=55.92\text{m}^2$

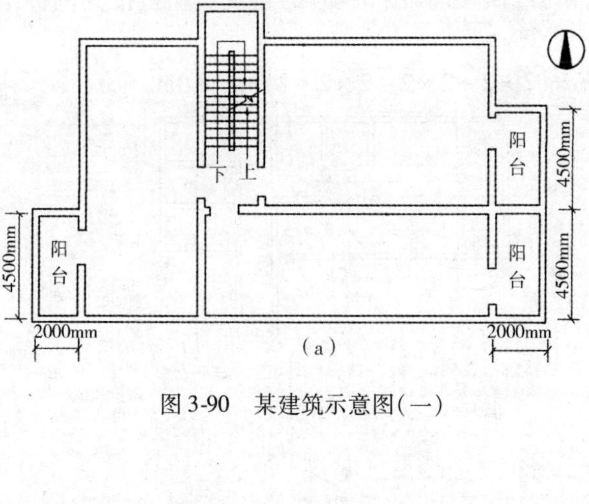

图 3-90 某建筑示意图(一)

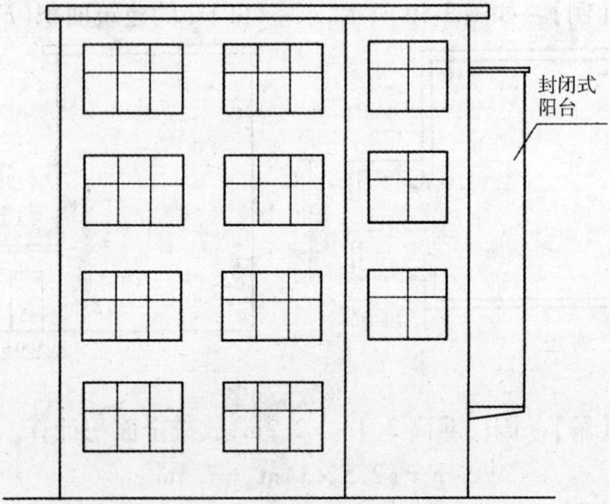

（b）

图 3-90　某建筑示意图（二）

（a）标准层平面图；（b）东立面图

【例】　求如图 3-91 所示眺望间的建筑面积。

【解】　眺望间（图 3-91）的建筑面积是按其围护结构水平面积计算。

$$F=(2\times2+2\times2+2\times2\div2)\,\mathrm{m}^2=10\mathrm{m}^2$$

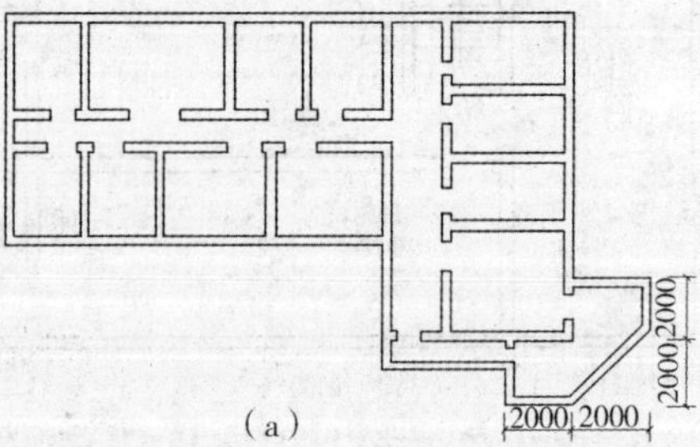

（a）

图 3-91　某建筑示意图（一）　（单位：mm）

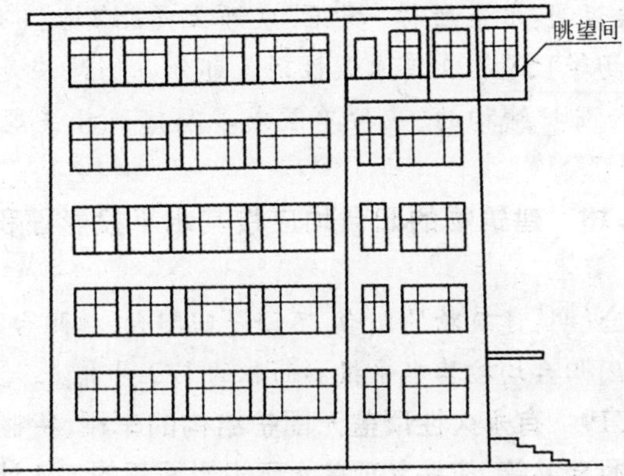

（b）

图 3-91　某建筑示意图（二）

（a）平面图；（b）南立面图

【例】　求有围护结构的封闭式阳台（图 3-92）的建筑面积。

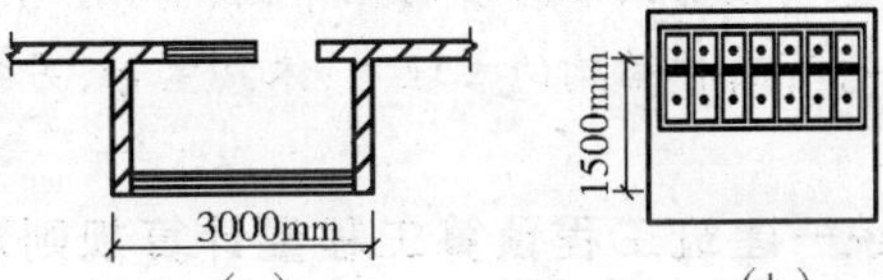

（a）　　（b）

图 3-92　封闭式阳台

（a）平面图；（b）立面图

【解】　$S=(\frac{1}{2}\times3.0\times1.5)\mathrm{m}^2=2.25\mathrm{m}^2$

《建筑工程建筑面积计算规范》GB/T 50353—2005

3.0.12　有永久性顶盖无围护结构的场馆看台应按其顶盖水平投影面积的 1/2 计算。

条文说明：本条所称“场馆”实质上是指“场”（如：足球场、网球场等），看台上有永久性顶盖部分。“馆”应是有永久性顶盖和围护结构的，应按单层或多层建筑相关规定计算面积。

3.0.18　建筑物的阳台均应按其水平投影面积的1/2计算。

条文说明：建筑物的阳台，不论是凹阳台、挑阳台、封闭阳台、不封闭阳台均按其水平投影面积的1/2计算。

3.0.19　有永久性顶盖无围护结构的车棚、货棚、站台、加油站、收费站等，应按其顶盖水平投影面积的1/2计算。

条文说明：车棚、货棚、站台、加油站、收费站等的面积计算。由于建筑技术的发展，出现许多新型结构，如柱不再是单纯的直立的柱，而出现Ⅴ形柱、倒Λ形柱等不同类型的柱，给面积计算带来许多争议，为此我们不以柱来确定面积的计算，而依据顶盖的水平投影面积计算。在车棚、货棚、站台、加油站、收费站内设有有围护结构的管理室、休息室等，另按相关条款计算面积。

《全国统一建筑工程预算工程量计算规则》土建工程 GJD_{Gz}—101—95

第2.1.14条　建筑物外有柱和顶盖走廊、檐廊，按柱外围水平面积计算建筑面积；有盖无柱的走廊、檐廊挑出墙外宽度在1.5m以上时，按其顶盖投影面积一半计算建筑面积。无围护结构的凹阳台、挑阳台，按其水平面积一半计算建筑面积。建筑物间有顶盖的架空走廊，按其顶盖水平投影面积计算建筑面积。

【名词释义】　封闭式檐廊，均按其水平投影面积计算建筑面积。透视图如图3-93、图 3-94 所示。示意图如图 3-95、图3-96所示。

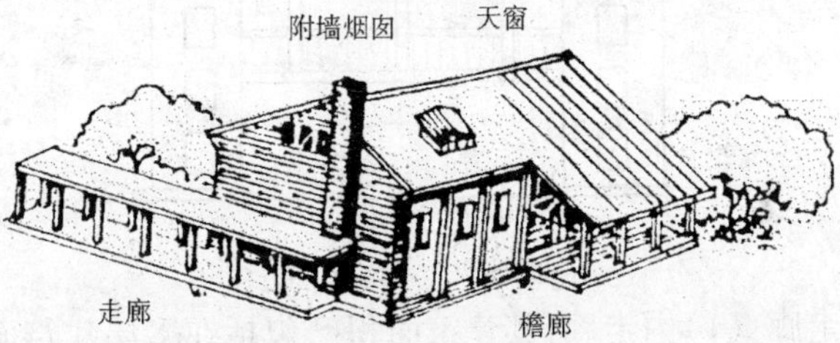

图 3-93　走廊、檐廊透视图

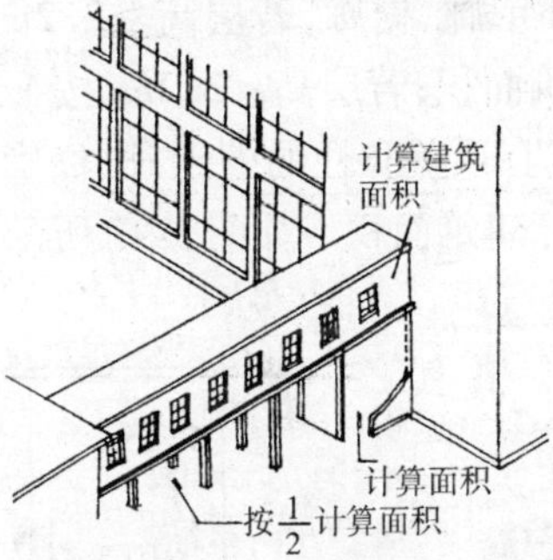

图 3-94　架空通廊透视图

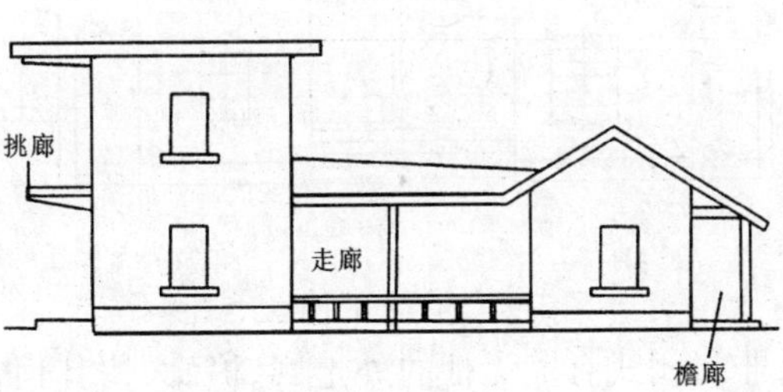

图 3-95　走廊、挑廊、檐廊

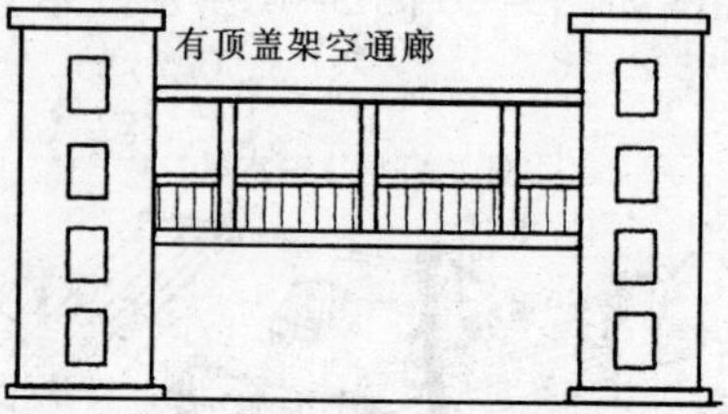

图 3-96　架空通廊

走廊:(1)内走廊:其建筑面积已包括在多层建筑面积的计算规则内,不需单独计算。

(2)封闭式外走廊、檐廊,若层高≥2.2m,按其结构外围水平面积计算建筑面积;若层高<2.2m,按 1/2 面积计算。

(3)非封闭式有顶盖和柱的外走廊、檐廊,按其柱外围水平面积的 1/2 计算建筑面积。如图 3-97 所示。

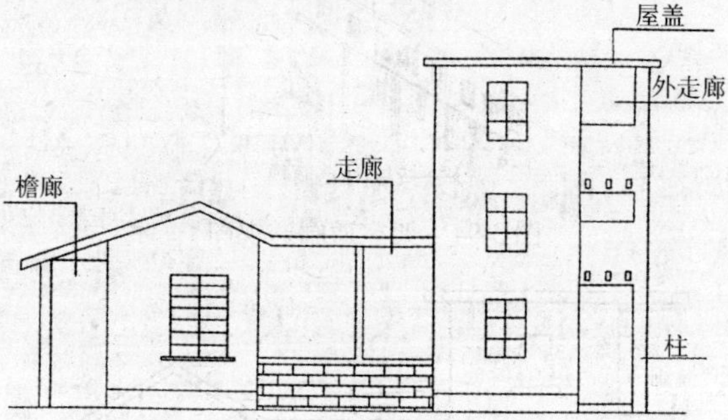

图 3-97　有柱外走廊示意图

(4)非封闭式有盖无柱的外走廊、檐廊,按其顶盖投影面积的 1/2 计算建筑面积。如图 3-98 所示。

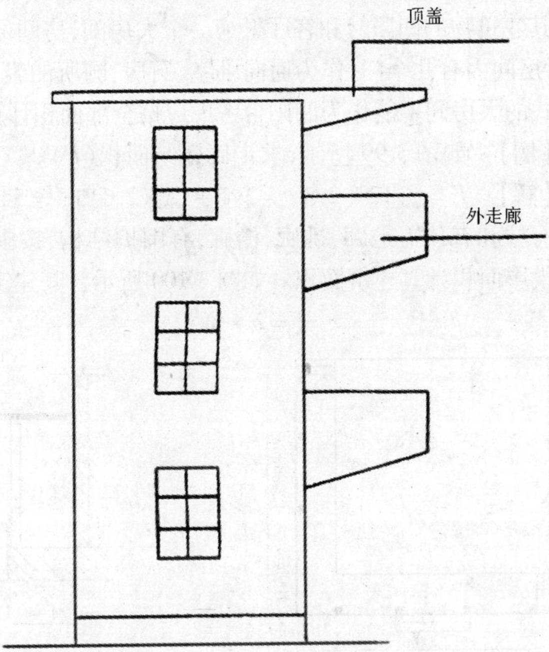

图 3-98　无柱外走廊示意图

(5)两层建筑物间有顶盖的架空通廊,按其水平投影面积的 1/2 计算建筑面积。

如建筑物底层有多个房间,房间外有通长走廊,有永久性顶盖、无柱、房间门外都有踏步直接通向外面,该走廊应按其投影面积的 1/2 计算建筑面积。

某建筑物靠山建筑，其三楼伸出架空通廊与山边连结，该无顶盖的架空通廊，按其投影面积的 1/2 计算建筑面积。

其建筑物的凹阳台和客厅融为一个大房间，房间的外墙不封闭，房间内有几个门，作为通向卧室、厨房、厕所的客厅用，该敞开式的大房间不能作为凹阳台考虑应按全部面积计算。

【例】 如图 3-99 所示，求走廊建筑面积(F)。

【解】 $F=[(12+2.1)\times2.1+12\times2.1]\text{m}^2=54.81\text{m}^2$

有柱和有顶盖走廊、挑廊、檐廊，有围护结构，按围护结构水平投影面积计算建筑面积。如图 3-100 所示。其建筑面积为

$$F=a\times b$$

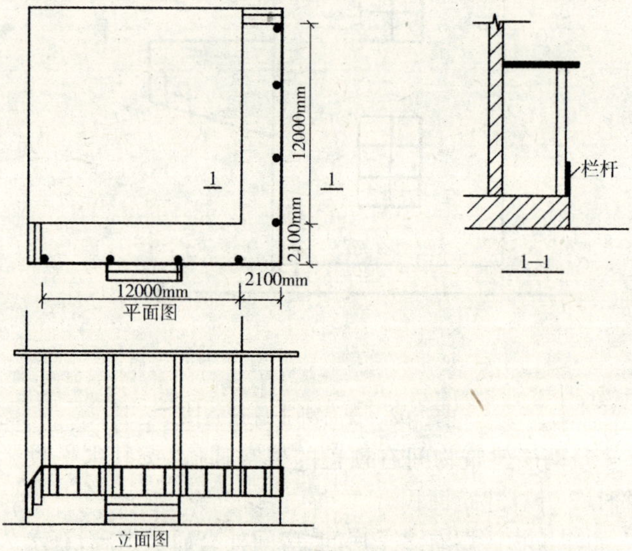

图 3-99 建筑物外有柱(圆柱、封闭式走廊)、顶盖的走廊、檐廊的示意图

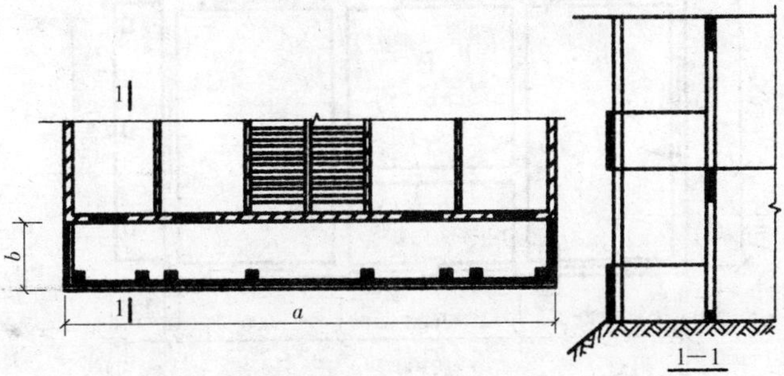

图 3-100　有柱走廊

【例】 求如图 3-101 所示两个柱的雨篷的建筑面积。

【解】 有两个柱的雨篷（图 3-101），按柱外围水平投影面积计算建筑面积。

$$F=(4.0\times2.5\times\frac{1}{2})\text{m}^2=5.0\text{m}^2$$

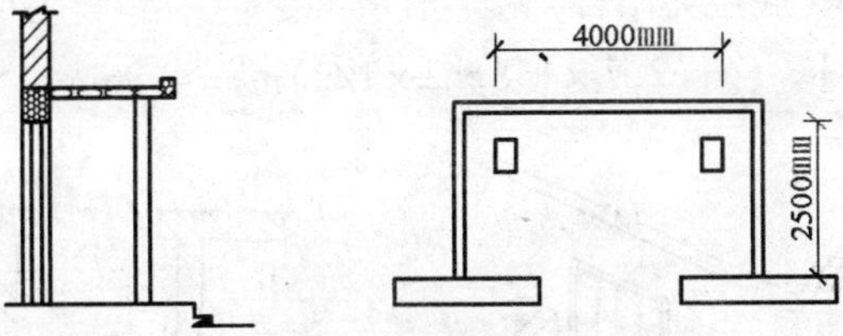

图 3-101

【例】 求如图 3-102 所示的有盖和柱的走廊和檐廊的建筑面积。

【解】 有围护结构的走廊、檐廊（图 3-102）建筑面积是按其围护结构外围水平面积计算：

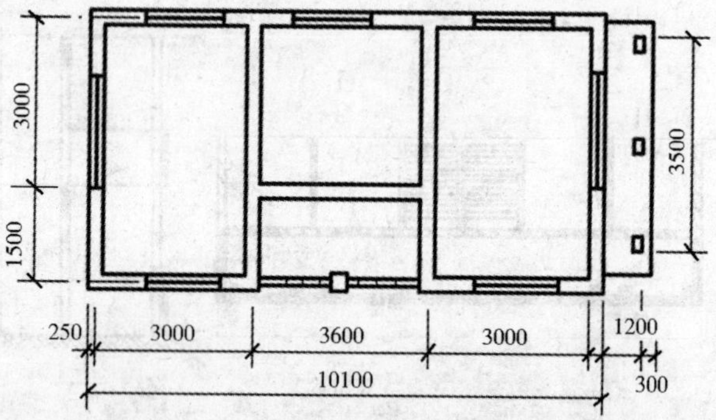

图 3-102　某建筑物平面图(单位:mm)

$$F = [(1.5 + 0.25 + 0.12) \times (3.6 + 0.25 \times 2) + (1.2 + 0.3) \times (1.5 + 3.0 + 0.25 \times 2)]\,m^2$$
$$= 15.17m^2$$

【例】　如图 3-103 所示,求某三层住宅无围护挑阳台的建筑面积(底层无阳台)。

【解】　$F = (2.7 \times 1.8 \times 2 \times 1/2)\,m^2 = 4.86m^2$

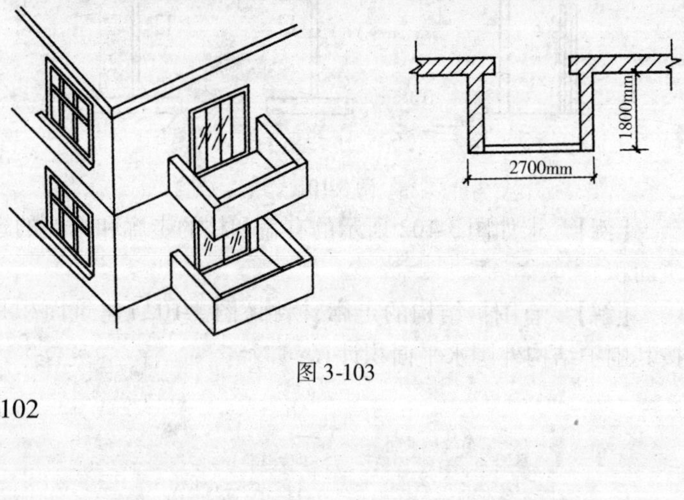

图 3-103

【例】 如图 3-104 所示,求架空通廊建筑面积。

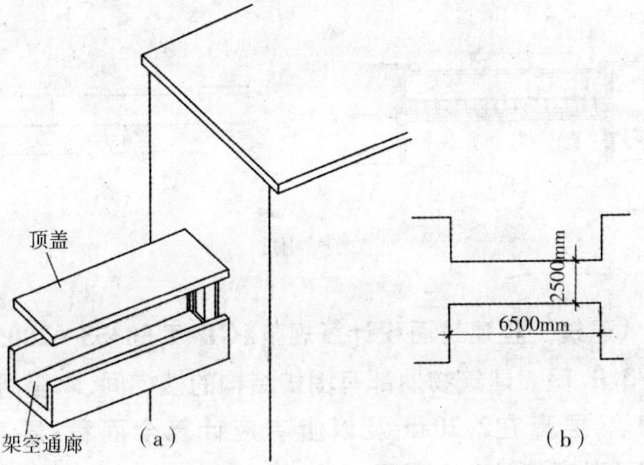

图 3-104 架空通廊示意图

(a)侧立面图;(b)平面图

【解】 若有围护结构且层高大于 2.2m 的架空通廊建筑面积:

$F = (6.5 \times 2.5)\,m^2 = 16.25m^2$

层高低于 2.2m 者,按 1/2 面积计算:

$F = (16.25 \times \frac{1}{2})\,m^2 = 8.13m^2$

若有顶盖无围护结构,按其 1/2 面积计算建筑面积:

$F = (\frac{1}{2} \times 6.5 \times 2.5)\,m^2 = 8.13m^2$

若无顶盖时,架空通廊不计算建筑面积。

【例】 求如图 3-105 所示的建筑物的建筑面积。

【解】 如图 3-105 所示为有顶盖无围护结构架空走廊,按其 1/2 面积计算建筑面积:

$$F=(\frac{1}{2}\times 15.0\times 2.4)\mathrm{m}^2=18.0\mathrm{m}^2$$

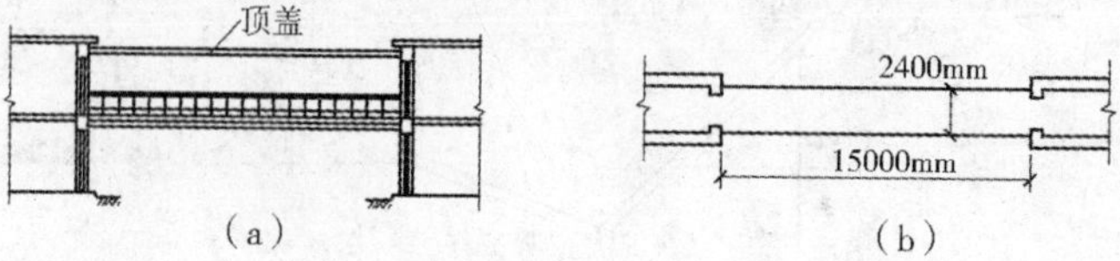

图 3-105

(a) 立面图;(b)平面图

《建筑工程建筑面积计算规范》GB/T 50353—2005

3.0.13 建筑物顶部有围护结构的楼梯间、水箱间、电梯机房等,层高在2.20m及以上者应计算全面积;层高不足2.20m者应计算1/2面积。

条文说明:如遇建筑物屋顶楼梯间是坡屋顶,应按坡屋顶的相关条文计算面积。

3.0.14 设有围护结构不垂直于水平面而超出底板外沿的建筑物,应按其底板面的外围水平面积计算。层高在2.20m及以上者应计算全面积;层高不足2.20m者应计算1/2面积。

条文说明:设有围护结构不垂直于水平面而超出底板外沿的建筑物是指向建筑物外倾斜的墙体,若遇有向建筑物内倾斜的墙体。应视为坡屋顶,应按坡屋顶有关条文计算面积。

《全国统一建筑工程预算工程量计算规则》土建工程 $\mathrm{GJD_{GZ}}$—101—95

第2.1.12条 屋面上部有围护结构的楼梯间、水箱间、电梯机房等,按围护结构外围水平面积计算建筑面积。

《建筑面积计算规则》1982年

14. 突出屋面的有围护结构的楼梯间、水箱间、电梯机房等按围护结构外围水平面积计算建筑面积。

【名词释义】 电梯机房由屋面平台进出，高差不大设置踏步时，该踏步不计算建筑面积，高差较大的踏步楼梯时，按水平投影面积的一半计算建筑面积。

突出屋面的水箱有钢筋混凝土水箱或钢板水箱等几种，水箱本身由壁、底、顶组成，水箱间的围护结构指保护水箱的砖墙和钢筋混凝土屋面等措施。如图 3-106 所示。

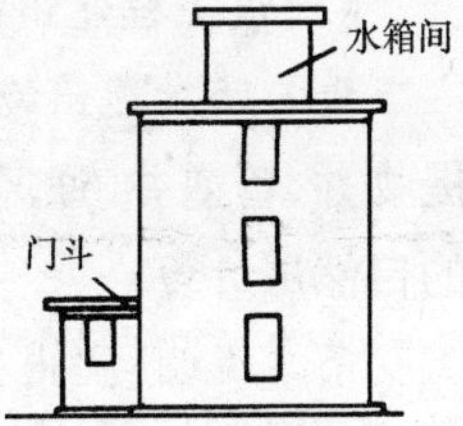

图 3-106 门斗、水箱

【例】 如图 3-107 所示，求屋面水箱间建筑面积(F)的工程量。

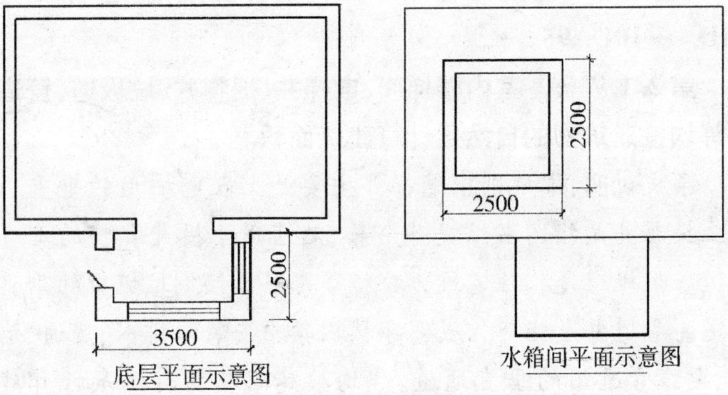

图 3-107 某建筑示意图(单位:mm)

【解】 (1)若层高大于2.2m,按全面积计算:

$F=(2.50\times2.50)m^2=6.25m^2$

(2)若层高小于2.2m,按其1/2面积计算:

$F=(\frac{1}{2}\times2.5\times2.5)m^2=3.13m^2$

《建筑工程建筑面积计算规范》GB/T 50353—2005

3.0.15 建筑物内的室内楼梯间、电梯井、观光电梯井、提物井、管道井、通风排气竖井、垃圾道、附墙烟囱应按建筑物的自然层计算。

条文说明:室内楼梯间的面积计算,应按楼梯依附的建筑物的自然层数计算并在建筑物面积内。遇跃层建筑,其共用的室内楼梯应按自然层计算面积;上下两错层户室共用的室内楼梯,应选上一层的自然层计算面积(图3-108)。

《全国统一建筑工程预算工程量计算规则》土建工程 GJD_{GZ}—101—95

第2.1.7条 室内楼梯间、电梯井、提物井、垃圾道、管道井等均按建筑物的自然层计算建筑面积。

条文说明:本规则中电梯井主要是上人电梯用的垂直通道。提物井是指图书馆提升书籍,酒店用于提升食物的垂直通道。垃圾道是指住宅或办公楼等每层设倾倒垃圾口的垂直通道。管道井是指宾馆或写字楼内集中安装给排水、暖通、消防、电线管道用的垂直通道。"均按建筑物的自然层计算建筑面积"是指上述通道经过了几层楼,就用通道水平投影面积乘上几层(图3-109)。

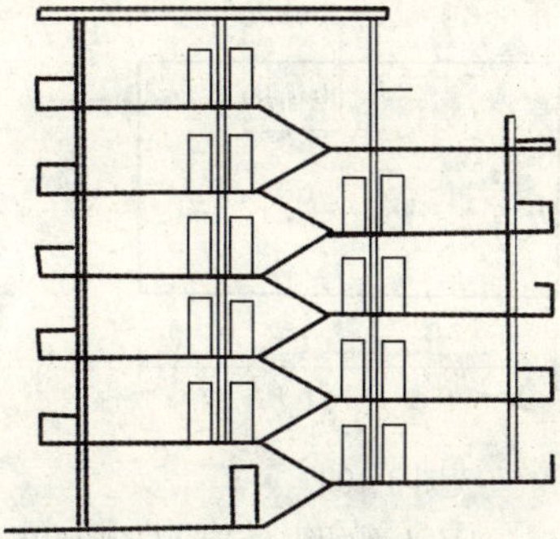

图 3-108　户室错层剖面示意图

第 2.1.10 条　建筑物内设备管道层、贮藏室其屋高超过 **2.2m** 时，应计算建筑面积。

《建设面积计算规则》**1982** 年

9. 电梯井、提物井、垃圾道、管道井等均按建筑物自然层计算建筑面积。

11. 建筑物内的技术层，层高超过 **2.2m** 的，应计算建筑面积。

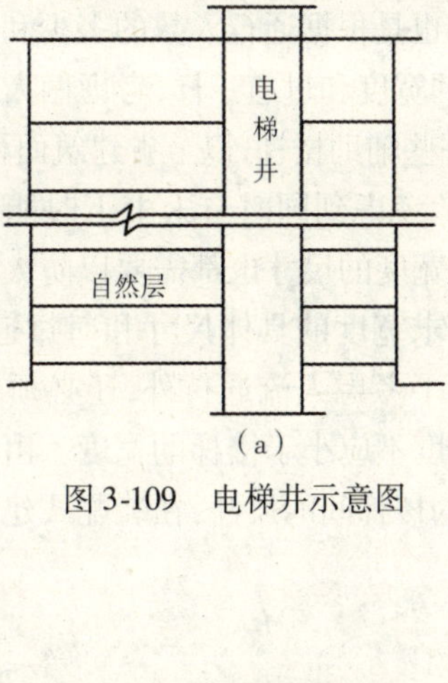

（a）

图 3-109　电梯井示意图

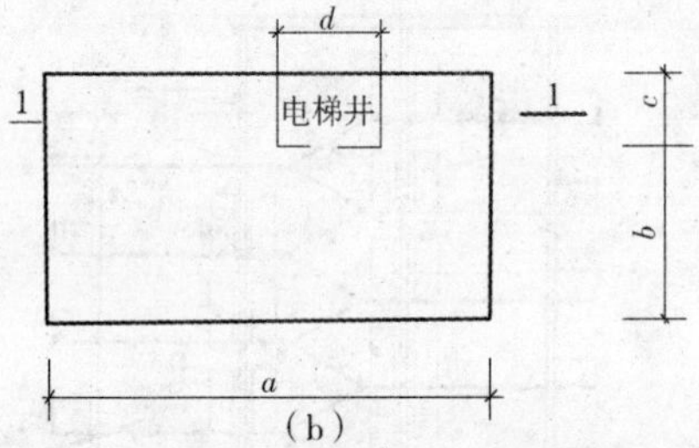

（b）

续图 3-109

(a)1－1 剖面图;(b)电梯井平面图

【名词释义】 自然层:楼层房屋设计的自然空间层。如果这些井道布置在建筑物内部,其面积已包含在整体建筑物的建筑面积之内,无需另行计算,如果这些井道间附筑在主墙体之外,则应按楼梯层层数计算建筑面积。

楼梯间:房屋各层间的垂直交通联系部分,是楼层人流疏散必经的道路。楼梯主要根据使用要求和人流通行情况确定梯段和休息平台的宽度,选择适当的楼梯形式,考虑整幢建筑的楼梯数量以及楼梯间的平台位置和空间组合。

楼梯的宽度,也是根据通行人数的多少和建筑物的防水要求决定的。楼梯的宽度和过道一样,考虑两人相对通常不小于1100～1200mm,一些辅助楼梯,以节省建筑面积出发,把楼梯的宽度做得小一些。考虑到同时有人上下时能有侧身、避身、让身的余地,楼梯段宽度的尺寸也都需要以防火要求的最小宽度进行校核,防火要求宽度的具体尺寸和对过道的要求相同,楼梯平台的宽度,除了考虑人流通行外,还必须要考虑搬运家具的方便,平台的宽度不应小于楼梯的宽度。由楼梯段、平台、踏步等尺寸所组成的楼梯间的尺寸,在装配式建筑中还须结合建筑物模数制的要求适当调整。例如:采用预制构件的单元式住宅,楼梯间的开间常采用2400mm或2700mm。

楼梯的数量主要根据楼层人数多少或建筑防火要求来确定。当建筑物中,楼梯和远端房间的距离超过防火要求的距离,二层至三层以上的三级耐火房屋楼层人数超过150人时,都须布置二个或二个以上的楼梯。

电梯井:电梯运行的通道,内除电梯及出入口尚安装有导轨、平衡器及缓冲器等,如图3-110所示。

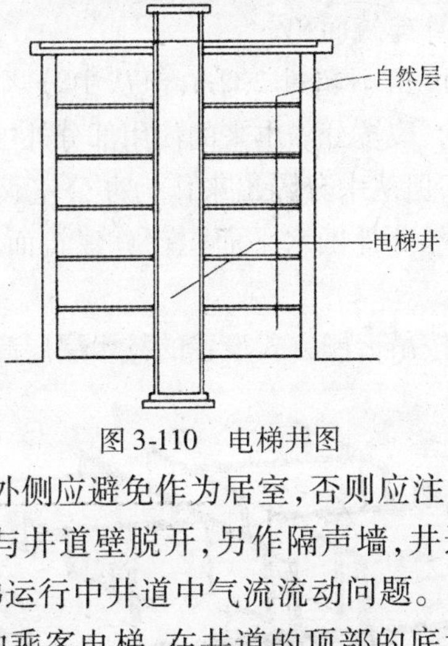

图3-110 电梯井图

电梯井道外侧应避免作为居室,否则应注意设置隔声措施。最好楼板与井道壁脱开,另作隔声墙,井道除排烟通风外,已考虑电梯运行中井道中气流流动问题。一般运行速度在2m/s以上的乘客电梯,在井道的顶部的底坑应有不小于300×600(mm)的通风孔,上部可以和排烟孔用道面积的3.5%结合。井道内为了安装、检修和缓冲,井道的上下均须留有必要的空间,其尺寸与运行速度有关。

管道井:用金属或其他材料制成的管子,用来输送或排除流体(如自来水、水蒸气、煤气、石油等)的井道。

天井无屋盖的,不计算建筑面积,有屋盖的,无论天井多高,均按一层来计算建筑面积。

室内的休息平台挑出外墙外边线时,按其投影面积计算建筑面积;其工程量应与楼梯段的水平投影面积合并计算工程量。

设备管道间又称技术层,主要用来安置通迅电缆、空调通风、冷热管道等,无论是满设或部分设置,只要层高超过2.2m,就应计算建筑面积。

建筑物内的设备管道层,贮藏室均属于技术层,则按其外围水平面积计算建筑面积。

技术层高度虽不超过2.2m,但从中分隔出来作为办公室、仓库使用的,应按分隔出来的使用部分外围水平投影面积计算建筑面积,但从中分隔出来作为办公室、仓库等,应按分隔出来的使用部分外围水平面积计算建筑面积,如图3-111、图3-112所示。

建筑物内按吊天棚方式设置的技术层层高超过2.2m,但仍不计算。

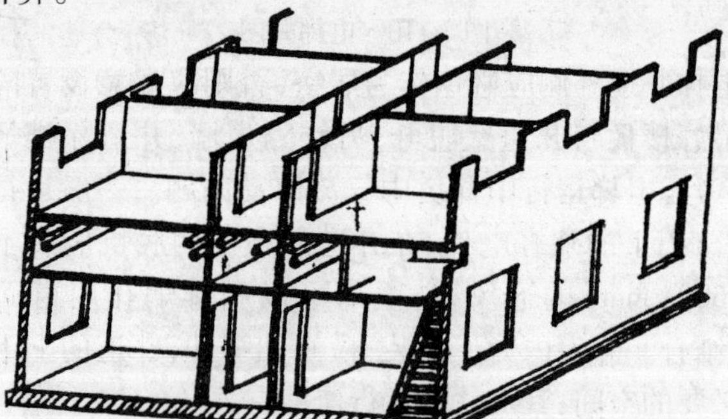

图3-111　建筑物技术层透视图

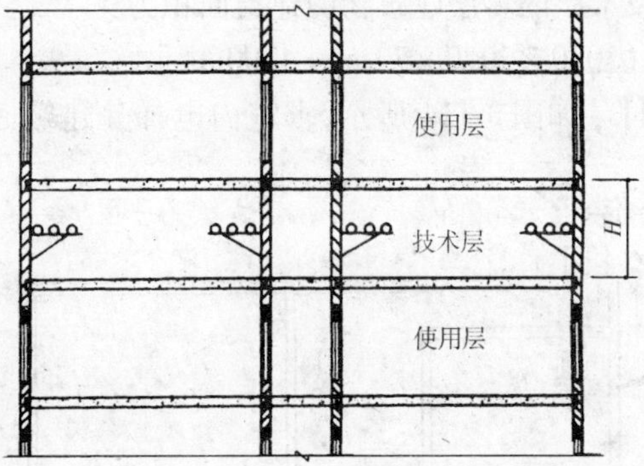

图 3-112　技术层示意图

【例】　求图 3-113 所示的有技术层的多层建筑物的建筑面积。

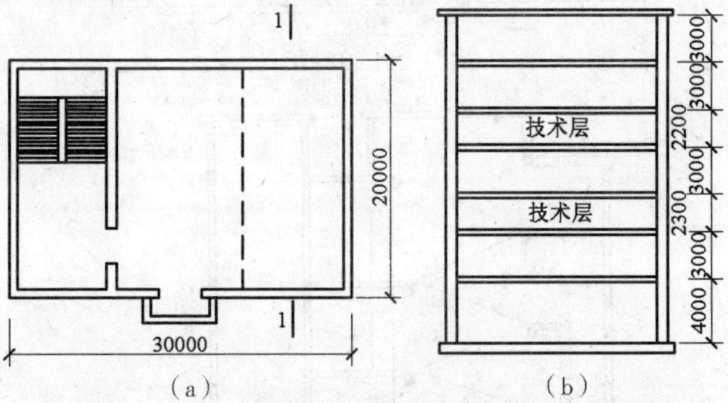

图 3-113　有技术层的多层建筑物(单位:mm)
(a)平面图;(b)1 - 1 剖面图

【解】　设备管道层又称技术层,主要用来安置通讯电缆、空调通风、冷热管道等,无论是满设或部分设置,只要层高超过 2. 2m(包括 2. 2m),就应计算建筑面积。如图 3-113 所

示。有技术层的多层建筑物的建筑面积为

$$S=(30.0\times20.0\times7)\text{m}^2=4200\text{m}^2$$

【例】 如图 3-114 所示，求室内电梯井建筑面积(F)的工程量。

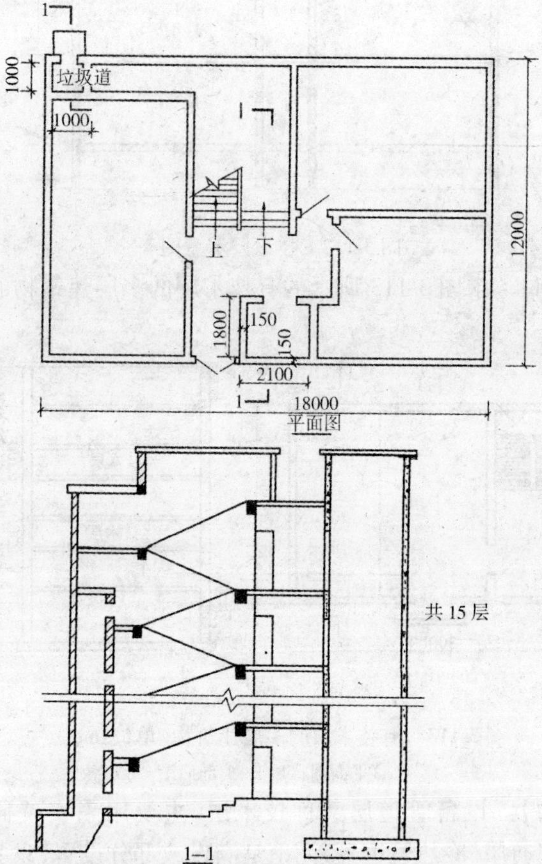

图 3-114　室内电梯井、垃圾道示意图(单位:mm)

【解】 $F_{电梯井(室内)}=(2.1\times1.8\times15)\mathrm{m}^2=56.7\mathrm{m}^2$

【例】 如图 3-114 所示，求室内垃圾道建筑面积(F)的工程量：

【解】 $F_{室内垃圾道}=(1.0\times1.0\times14)\mathrm{m}^2=14\mathrm{m}^2$

【例】 如图 3-114、图 3-115 所示，求建筑物的建筑面积，楼梯间与电梯间突出屋面部分如图 3-115 所示。

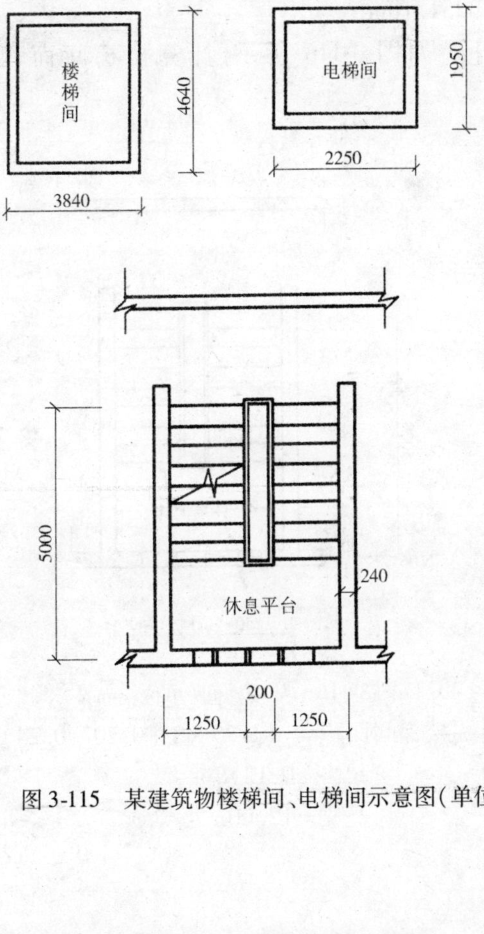

图 3-115 某建筑物楼梯间、电梯间示意图(单位:mm)

【解】 (1)楼梯间、电梯间层高≥2.2m 时,

$$F = [(18 \times 12) \times 15 + 3.84 \times 4.64 + 2.25 \times 1.95] \mathrm{m}^2$$
$$= 3262.21 \mathrm{m}^2$$

(2)楼梯间、电梯间层高<2.2m 时,

$$F = [(18 \times 12) \times 15 + \frac{1}{2} \times (3.84 \times 4.64 + 2.25 \times 1.95)] \mathrm{m}^2$$
$$= 3251.10 \mathrm{m}^2$$

【例】 如图 3-116 所示,计算楼梯间面积(墙厚为 240mm)。

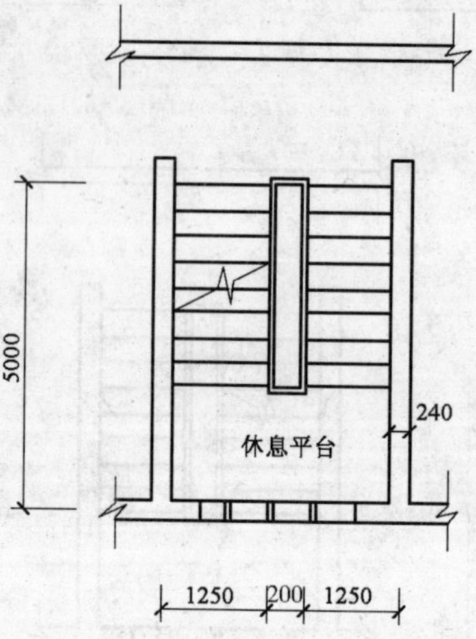

图 3-116 某楼梯间(单位:mm)

【解】 楼梯间面积 $= [(1.25 \times 2 + 0.20 - 0.24) \times (5.0 - 0.12)] \mathrm{m}^2$
$= 12.00 \mathrm{m}^2$

【例】 某建筑物内设有电梯，其平面和剖面示意图如图 3-117(a)、(b)所示，试计算该建筑物的建筑面积。

【解】 依据图 3-117 所示，其建筑面积 S 计算如下：

$$S=(78\times10\times6)\mathrm{m}^2=4680.00\mathrm{m}^2$$

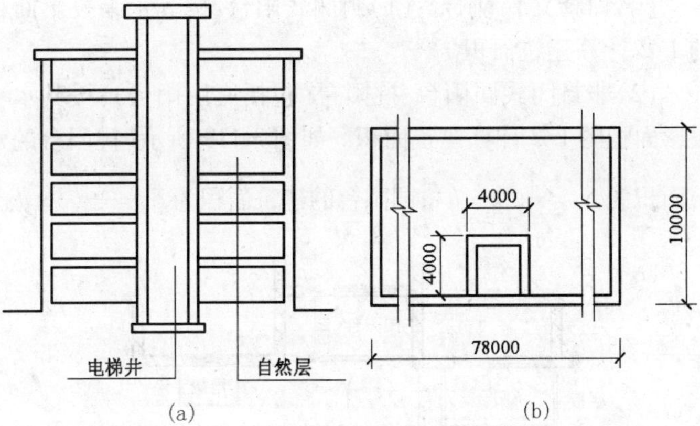

图 3-117 某建筑物电梯示意图(单位:mm)
(a)剖面图;(b)平面图

《建筑工程建筑面积计算规范》GB/T 50353—2005

3.0.16 雨篷结构的外边线至外墙结构外边线的宽度超过 2.10m 者，应按雨篷结构板的水平投影面积的 1/2 计算。

条文说明：雨篷均以其宽度超过 2.10m 或不超过 2.10m 衡量，超过 2.10m 者应按雨篷的结构板水平投影面积的 1/2 计算。有柱雨篷和无柱雨篷计算应一致。

《全国统一建筑工程预算工程量计算规则》土建工程 $\mathbf{GJD_{GZ}}$—101—95

第 2.1.11 条 有柱的雨篷、车棚、货棚、站台等，按柱外围水平面积计算建筑面积；独立柱的雨篷、单排柱的车棚、货

棚、站台等，按其顶盖水平投影面积的1/2计算建筑面积。

《建筑面积计算规则》1982年

12. 有柱雨篷按柱外围水平面积计算建筑面积，独立柱的雨篷按顶盖的水平投影面积的1/2计算建筑面积。

【名词释义】 阳台：(1)封闭式阳台：按其水平投影面积的1/2计算建筑面积。

(2)非封闭式凹阳台、挑阳台(包括底层阳台)：按其水平投影面积的1/2计算建筑面积。如图3-118所示(挑阳台的建筑面积为$S_1 = \frac{1}{2}(a \times b)$；凹阳台的建筑面积为$S_2 = \frac{1}{2}(c \times d)$。

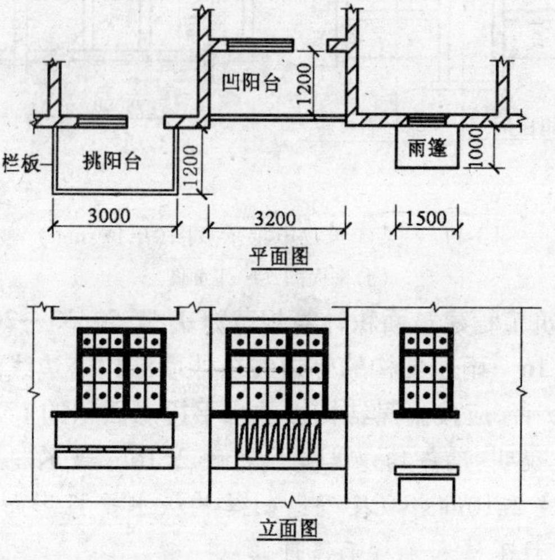

图3-118 非封闭式阳台

雨篷分为悬挑雨篷、有柱雨篷和独立柱雨篷三种，如图3-119～图3-121所示。

有柱雨篷是指有两根柱(即伸出主墙身有两个支承点)

以上的雨篷,有的雨篷布置在纵横交叉墙的拐角处,雨篷下也另设一根柱,但它的支点除主墙外,仍是两个,也应计算建筑面积。如图 3-122、图 3-123 所示。

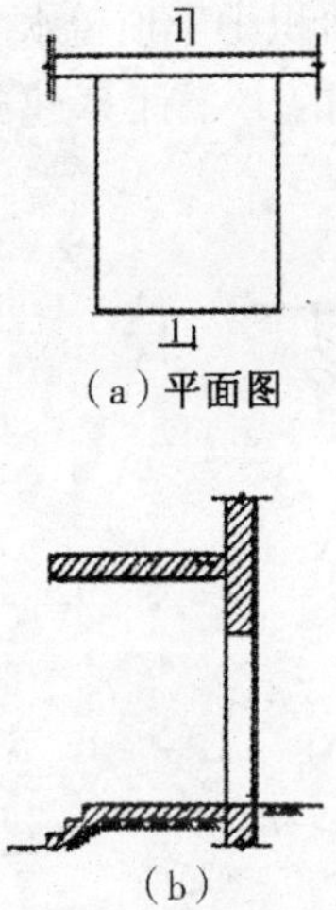

图 3-119　悬挑雨篷

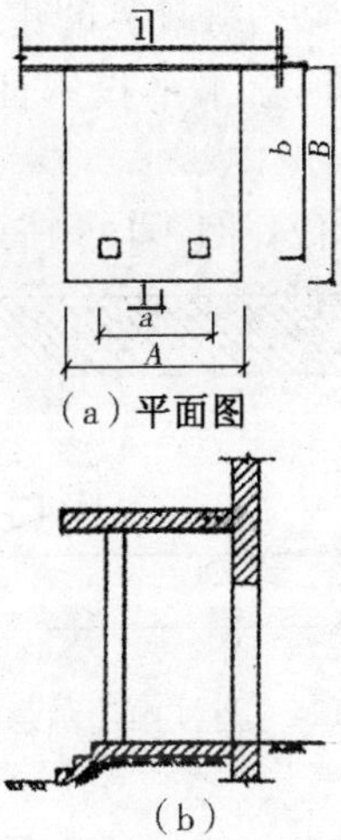

图 3-120　有柱雨篷

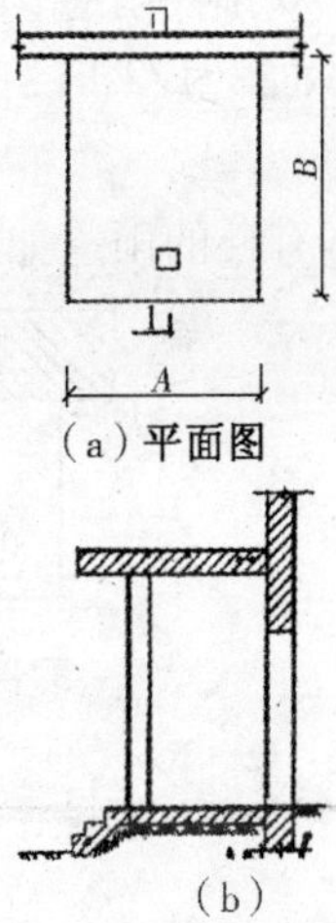

图 3-121　独立柱雨篷

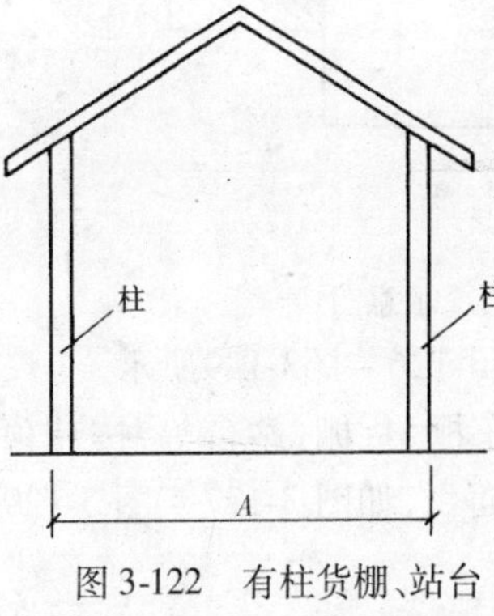

图 3-122　有柱货棚、站台

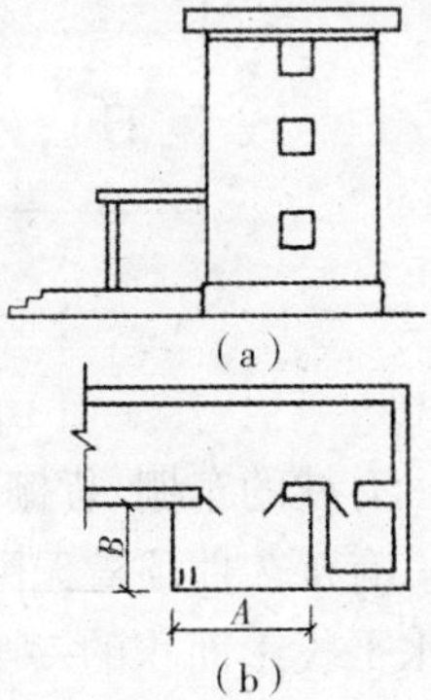

图 3-123　有柱雨篷

（3）雨篷均以其宽度超过 2.10m 或不超过 2.10m 衡量，超过 2.10m 者应按雨篷的结构板水平投影面积的 1/2 计算。有柱雨篷和无柱雨篷计算应一致。

双排柱雨篷、车棚、站台等计算的建筑面积小于顶盖水平投影面积 1/2 时，按其顶盖水平投影面积的 1/2 计算建筑面积。

有柱的雨篷如图 3-124、图 3-125 所示。

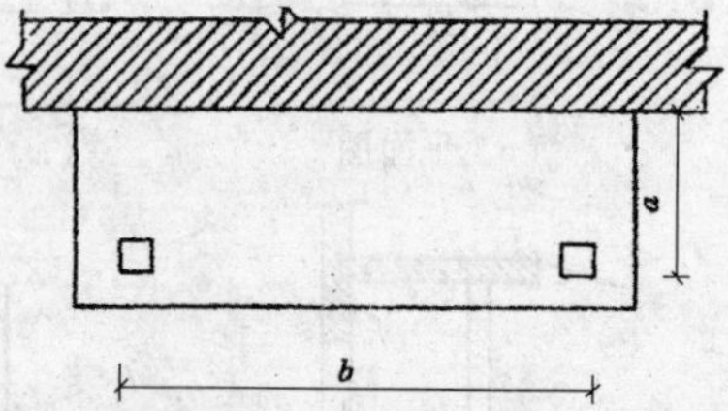

图 3-124　有柱雨篷示意图

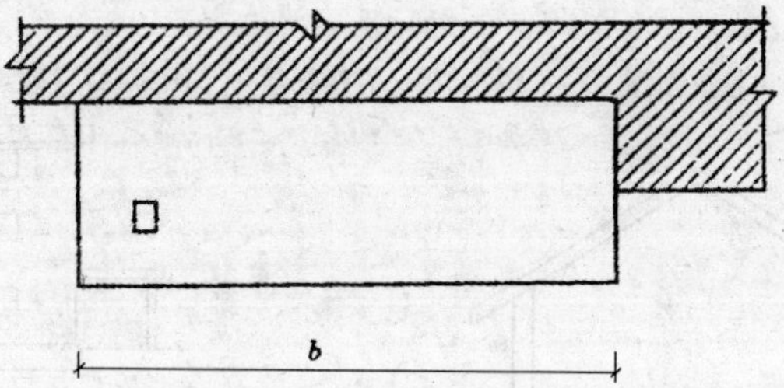

图 3-125　独立柱雨篷示意图

有柱的车棚、货棚、站台，如图 3-126 ~ 图3-129所示。

有永久性顶盖无围护结构的车棚、货棚、站台等，按其顶盖水平投影面积的一半计算建筑面积，如图 3-127 ~ 图 3-129 所示。

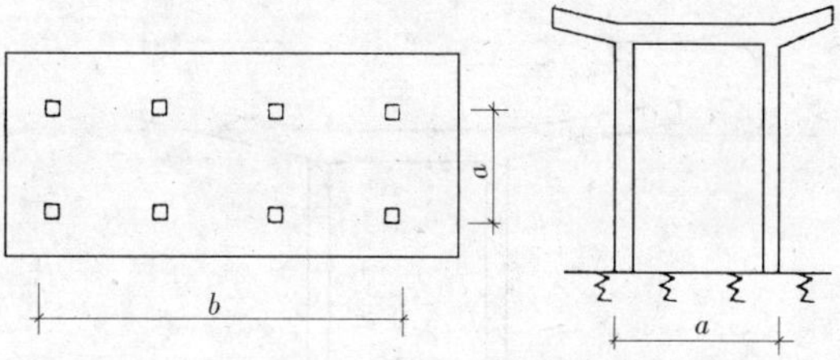

图 3-126　双排柱的车棚示意图

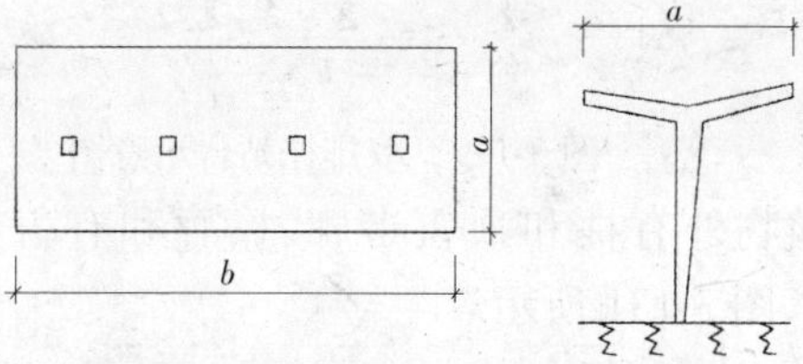

图 3-127　单排柱的站台示意图

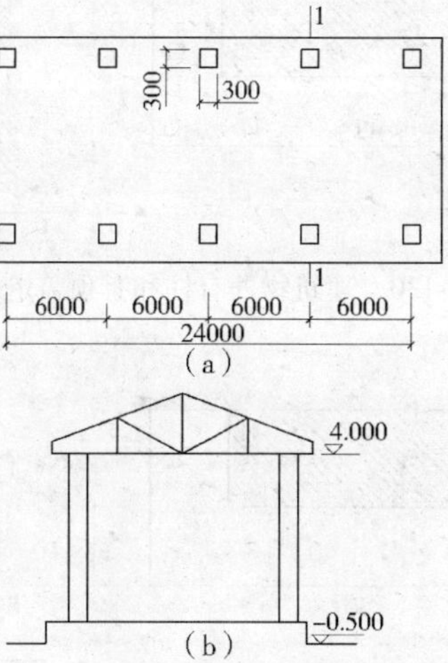

图 3-128　有柱货棚

（a）平面图；（b）剖面图

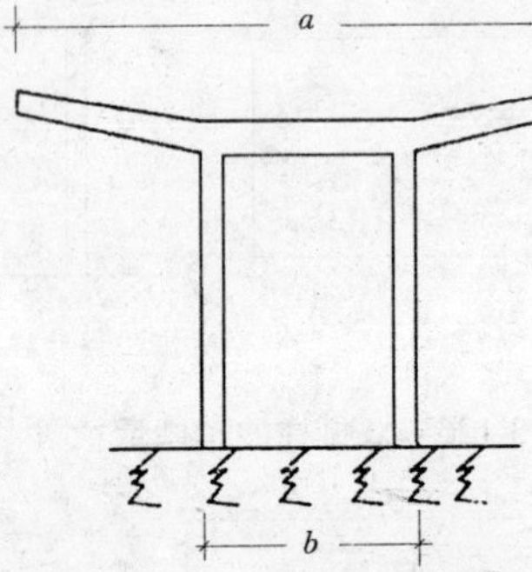

图 3-129　双排柱站台示意图

建筑物外有柱和顶盖走廊、檐廊和有盖无柱的走廊如图 3-130、图 3-131 所示。

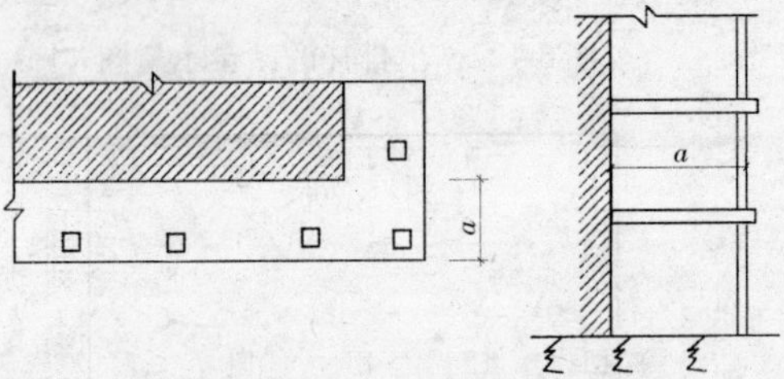

图 3-130　建筑物外有柱和有顶盖走廊示意图

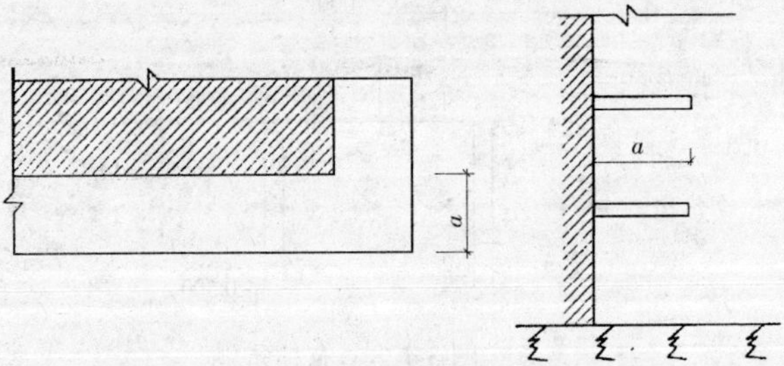

图 3-131　有盖无柱的走廊、檐廊示意图

雨篷:建筑物入口处位于外门上部用以遮挡雨水,保护外门免受雨水侵害的水平构件,多采用钢筋混凝土悬臂板,其悬挑长度一般为 1 ~1.5m。也可采用其他结构形式的,如扭壳等,其伸出长度可以更大。

常见的钢筋混凝土雨篷有板式和梁板式两种。对梁板式雨篷为保证雨篷底部平整起见,常将雨篷的梁反到上部,使之呈反梁结构,为防止雨篷产生倾覆,常将雨篷与入口处门上过梁或圈梁浇在一起,如图 3-132 ~ 图 3-135 所示。

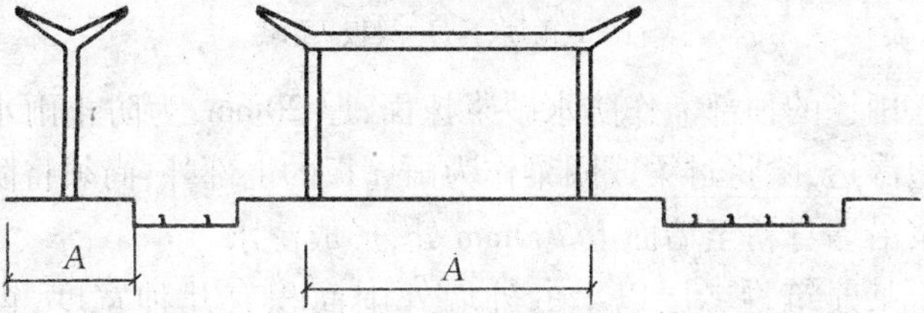

图 3-132　单排、有柱站台示意图

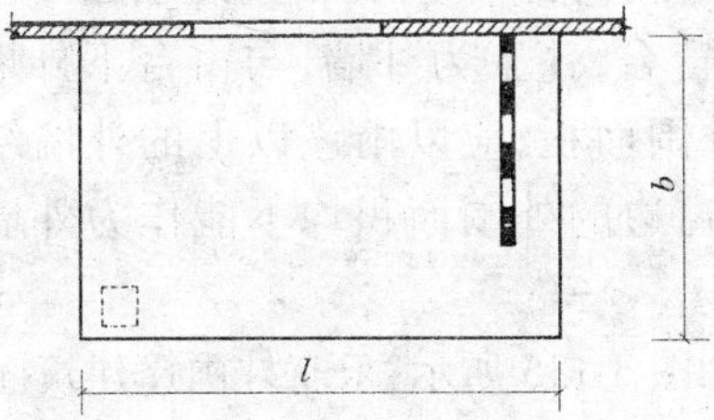

图 3-133　独立柱雨篷示意图

由于雨篷承受的荷载不大,因而雨篷板的厚度较薄,通常做成变截面形式,板外沿厚为 50 ~ 70mm,如图 3-134(a)所示。

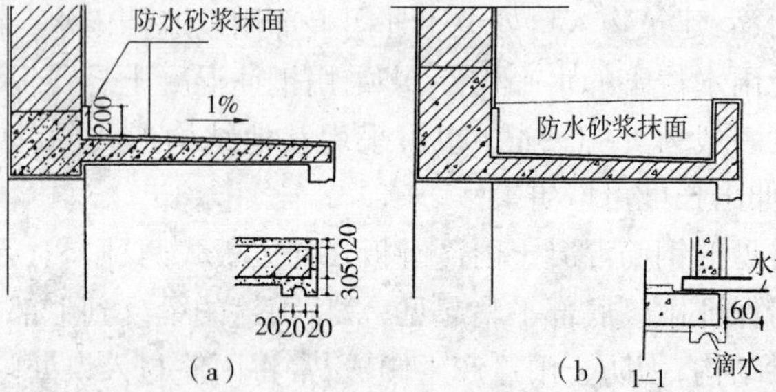

图 3-134　雨篷构造(单位:mm)

(a)板式雨篷；(b)梁板式雨篷

雨篷的顶部需作防水砂浆抹面,厚 20mm,为防止雨水沿墙边渗透,除将过梁或圈梁作为雨篷板的上部外,尚须将防水砂浆沿墙身粉至墙面上 200mm 处,形成泛水。

某建筑物二层以上的外墙外围面积有几种宽度,窗台以下外墙面以外做壁柜高 0.9m,壁柜挑出外墙面宽0.8m,柜顶为捣制挑窗台,台中立窗,窗离外墙面 0.4m,窗顶为捣制雨篷,宽同窗台,篷上为外墙,与窗台下外墙对齐。上述情况的外墙外围面积,应以雨篷以上的外墙结构外围面积计算,壁柜和窗边的外围面积均不能作为外墙结构的外围面积。

【例】 如图 3-135 所示,求有柱雨篷建筑面积(F)。

【解】 雨篷结构的外边线至外墙结构外边线的宽度超过 2.10m,故应按雨篷结构板的水平投影面积的 1/2 计算。

$$\text{雨篷建筑面积 } F = [(2.0+0.15+0.3)\times(3.5+0.15\times 2+0.3\times 2)\times 1/2]\text{m}^2 = 5.39\text{m}^2$$

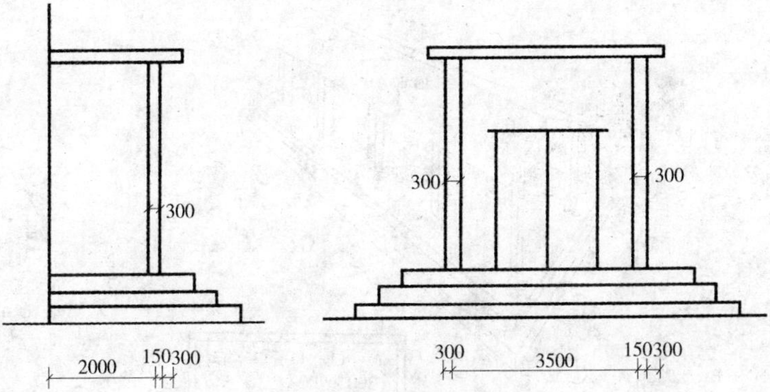

图 3-135　雨篷平面示意图(单位:mm)

【例】 如图 3-136 所示,求有柱车棚建筑面积(F)。

【解】 有永久性顶盖无围护结构的车棚、货棚、站台、加油站、收费站等,按其顶盖水平投影面积的 1/2 计算。

$$F=[(4.5\times4+0.15\times2+0.3\times2)\times(6.0+0.15+0.3)\times1/2]\text{m}^2$$
$$=60.95\text{m}^2$$

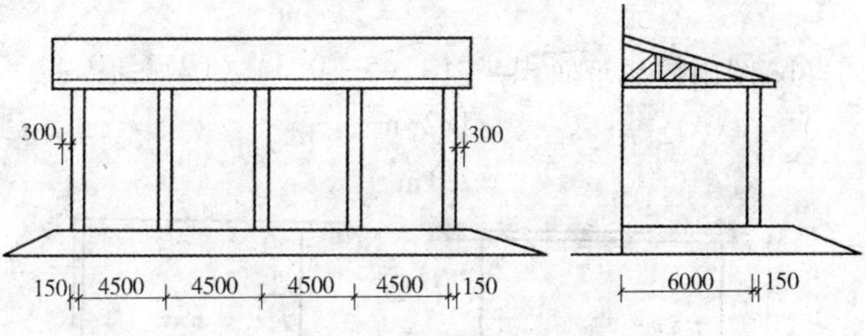

图 3-136　车棚平面示意图(单位:mm)

【例】 如图 3-137 所示,有柱货棚建筑面积(F)的计算。

【解】 $F=[(5.0\times4+4.8\times2)\times(7.5+4.5\times2)\times1/2]\text{m}^2$
$=244.2\text{m}^2$

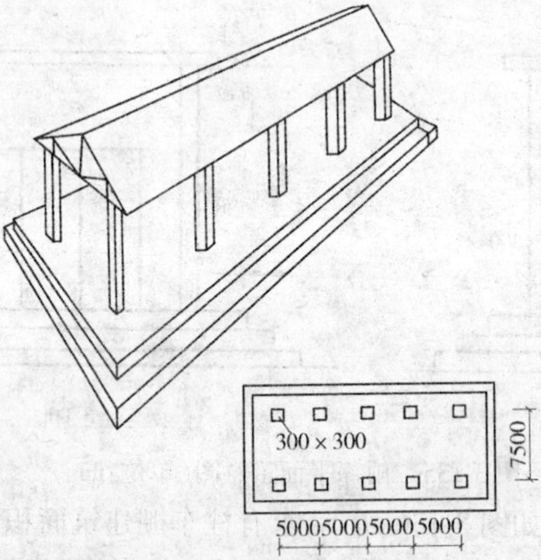

图 3-137　货棚示意图

【例】　根据图 3-138 计算有柱雨篷建筑面积。

【解】　(a)图雨篷建筑面积 $= [(1.50 + 0.3) \times (2.0 + 0.3 \times 2) \times 1/2]\,m^2$

$= 2.34m^2$

(b)图雨篷建筑面积 $= [(1.45 + 0.3) \times (2.1 + 0.3) \times 1/2]\,m^2$

$= 2.1m^2$

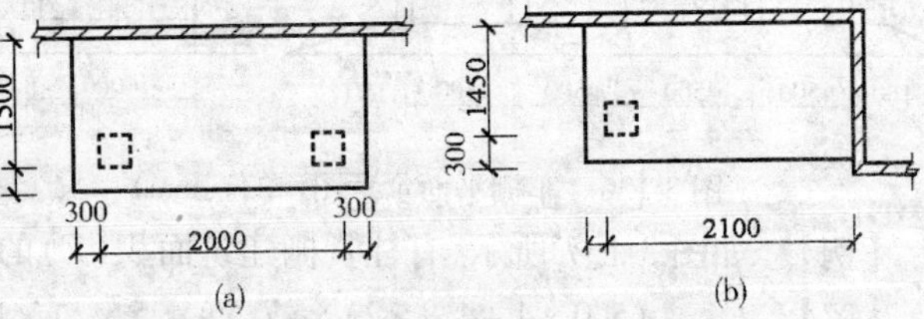

图 3-138　有柱雨篷平面示意图(单位:mm)

【例】 求如图 3-139 所示的独立柱雨篷的建筑面积。

【解】 如图 3-139 所示，雨篷外边线至墙外边线距离为 2.0m＜2.1m，故雨篷不计算建筑面积。

【例】 求如图 3-140 所示的雨篷的建筑面积。

【解】 雨篷按柱外围水平面积的 1/2 计算建筑面积。图 3-140 中雨篷的建筑面积为：

$$S=(1/2\times2.5\times4.0)\text{m}^2=10.00\text{m}^2$$

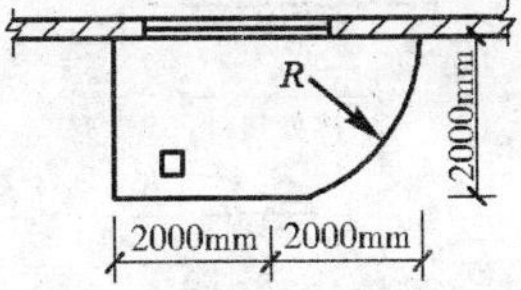

图 3-139

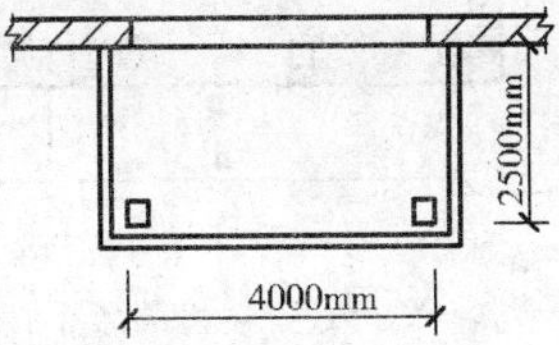

图 3-140

【例】 求图 3-141～图 3-143 所示的雨篷、站台的建筑面积。

【解】 (1)有的平面轮廓为 L 形的建筑物雨篷布置在拐角处(图 3-141)，建筑面积仍按雨篷结构板的水平投影面积的 1/2 计算。

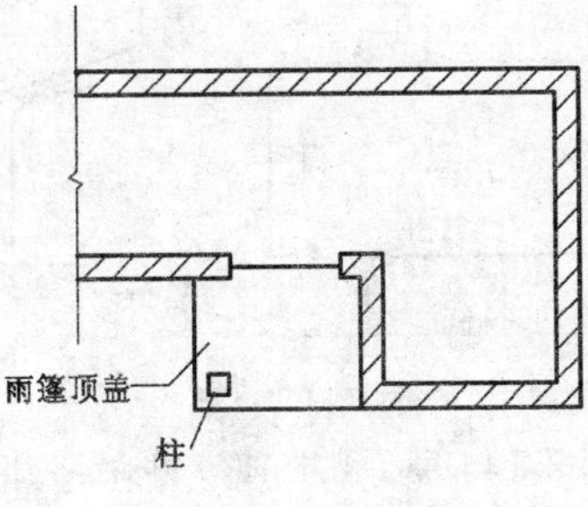

图 3-141

（2）有两排及两排以上柱的车棚、货棚、站台等（图 3-142），其建筑面积为：

$$S = 外围柱外围水平面积 = \frac{1}{2}ab$$

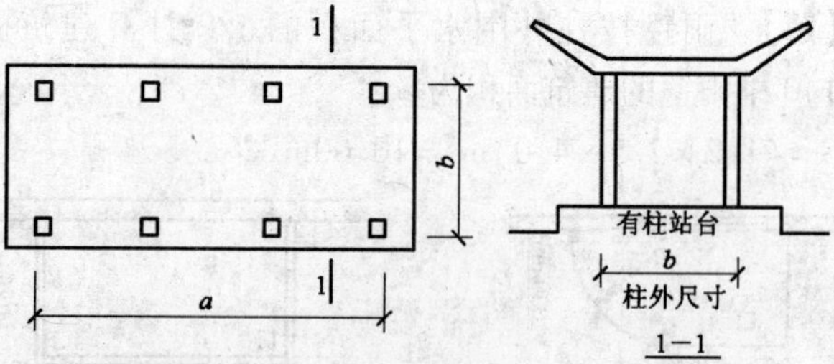

图 3-142

（3）单排柱的车棚、货棚、站台等（图 3-143），其建筑面积为：

$$S = 顶盖水平投影面积 \times \frac{1}{2}$$

$$= (24.0 \times 6.0 \times \frac{1}{2})\,m^2 = 72.00m^2$$

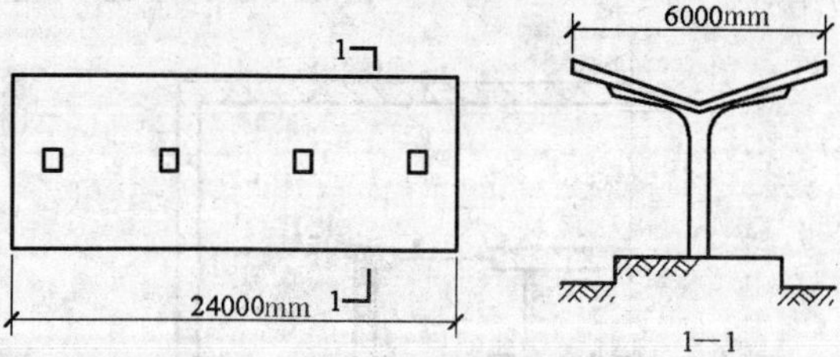

图 3-143

【例】 如图 3-144 所示，求独立柱雨篷建筑面积（F）。

【解】 $F = (3.1416 \times 2.7 \times 2.7 \div 4 \div 2)\,m^2 = 2.86m^2$

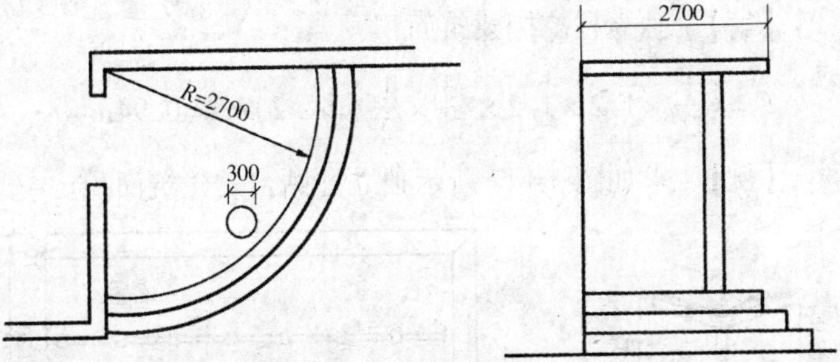

图 3-144　独立柱雨篷平面示意图(单位:mm)

【例】　如图 3-145 所示,求单排柱货棚建筑面积(F)。

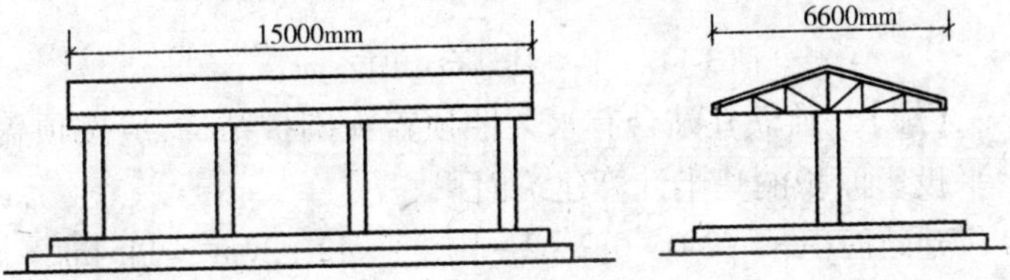

图 3-145　单排柱货棚平面示意图

【解】　$F=(15\times6.6\div2)\text{m}^2=49.5\text{m}^2$

【例】　如图 3-146 所示,求独立柱凉棚建筑面积(F)。

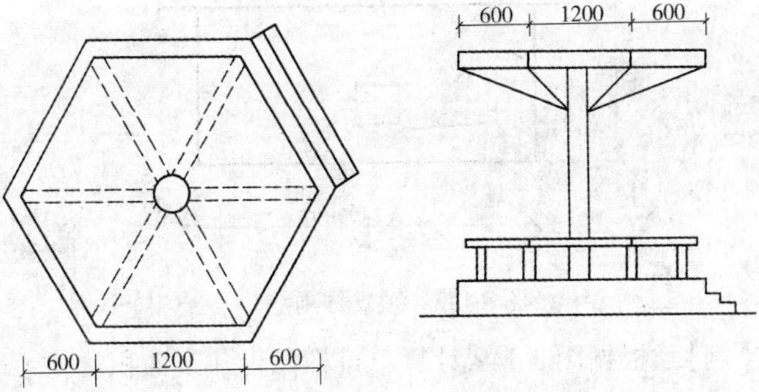

图 3-146　独立柱凉棚平面示意图(单位:mm)

【解】 独立柱凉棚建筑面积

$$F=(\frac{1}{2}\times1.2\times1.2\times\frac{\sqrt{3}}{2}\times\frac{1}{2}\times6\div2)\text{m}^2=0.94\text{m}^2$$

【例】 求如图 3-147 所示独立柱站台的建筑面积。

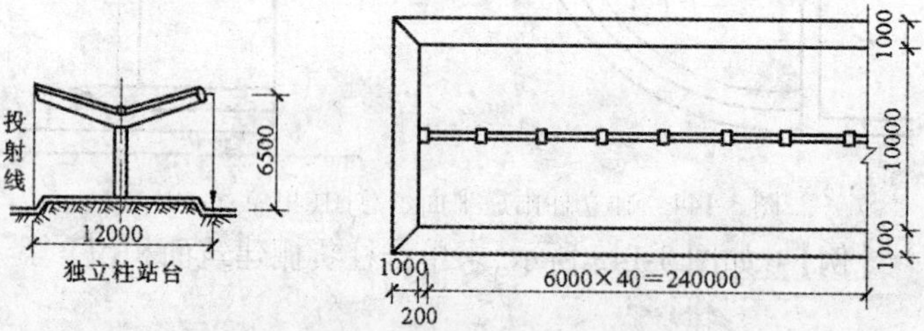

图 3-147 独立柱站台(单位:mm)

【解】 独立柱站台有永久性顶盖无围护结构,应按顶盖水平投影面积的一半计算建筑面积。

建筑面积 $=[(240+0.2\times2+1\times2)\times12\div2]\text{m}^2=1454\text{m}^2$

【例】 根据图 3-148 计算独立柱雨篷的建筑面积。

【解】 因其结构外边线至外墙结构外边线的距离 1.6m <2.1m,故不应计算建筑面积。

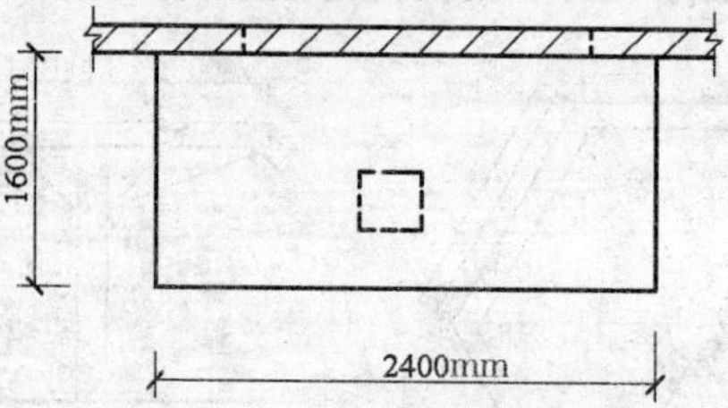

图 3-148 独立柱雨篷

【例】 根据图 3-149 计算单排柱站台建筑面积。

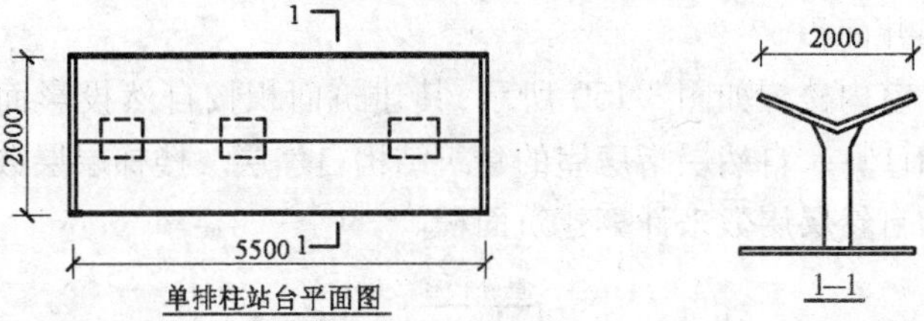

图 3-149　单排柱站台示意图(单位:mm)

【解】　单排柱站台建筑面积 $=(2.0\times5.50\times\frac{1}{2})m^2$

$=5.50m^2$

《建筑工程建筑面积计算规范》GB/T 50353—2005

3.0.17　有永久性顶盖的室外楼梯,应按建筑物自然层的水平投影面积的1/2计算。

条文说明:室外楼梯,最上层楼梯无永久性顶盖,或不能完全遮盖楼梯的雨篷,上层楼梯不计算面积,上层楼梯可视为下层楼梯的永久性顶盖,下层楼梯应计算面积。

《全国统一建筑工程预算工程量计算规则》土建工程 GJD_{GZ}—101—95

第2.1.15条　室外楼梯,按自然层投影面积之和计算建筑面积。

《建筑面积计算规则》1982年

19. 室外楼梯做为主要通道和用于疏散的均按每层水平投影面积计算建筑面积;室内有楼梯,室外楼梯按其水平投影面积的一半计算建筑面积。

【名词释义】　室外楼梯一般分为二跑梯式,梯井宽一般都不超过50mm,故按各层水平投影面积计算建筑面积,不扣减梯井面积。

室内楼梯如图 3-150 所示，其建筑面积按自然投影面积之和计算。自然层指房屋的建筑结构自然层。楼梯层层数随结构自然层层数来计算建筑面积。

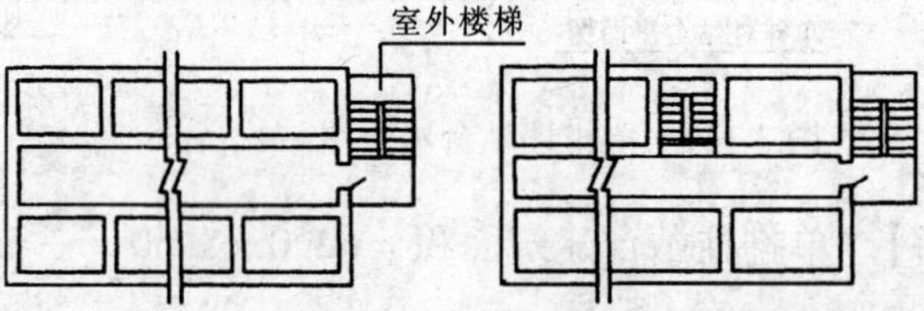

图 3-150 室外楼梯

投影面积：投影，假想要画出一个房屋形体的图形，可在形体前面放一个光源 S，在光线的照射之下，形体将它背后的平面 P 上投落一个灰黑色的多边形的影。这个影只反映出形体的轮廓，却不表达出形体的形状。光源发出的线，假设能够透过形体而将各个顶点和各条侧棱都在平面 P 上投落它们的影，这些点和线的影响将组成一个能够反映出形体形状的图形，这个图形经常称为形体投影。S 称为投影中心，投影所在的面称为投影面，如图 3-151 所示。在投影面和投影中心或投影方向确定之后，形体上每一点必有其唯一的一个投影，建立起一一对应的关系，如图 3-151 中 B 和 b、C 和 c、D 和 d。

(1)中心投影：即投影中心在有限的距离内发出放射状的投影线，用这些投影线作出的投影。如图 3-151 所示，B、C、D 至 H 面上的投影 b、c、d 称为该形体中的中心投影。

(2)平行投影：

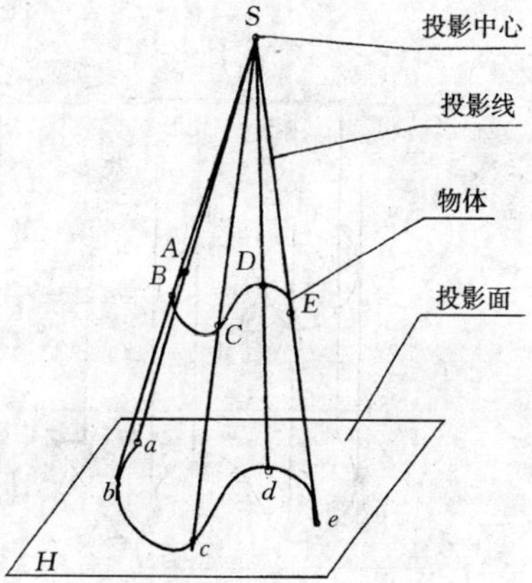

图 3-151　中心投影

平行投影又分为两种：

1）斜投影：投影方向倾斜于投影面时所作出的平行投影，称为斜投影。

2）正投影：投影方向垂直于投影面时所作出的平行投影，称为正投影。

如图 3-152、图 3-153 所示。

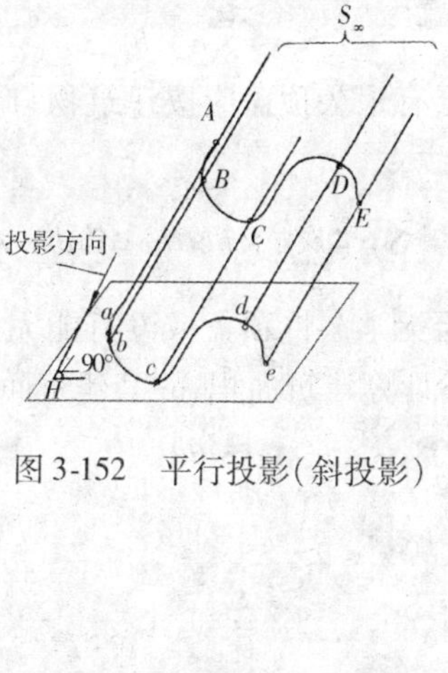

图 3-152　平行投影（斜投影）

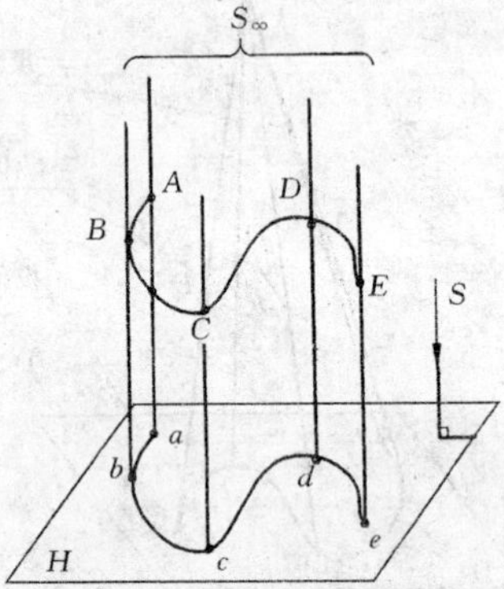

图 3-153　平行投影(正投影)

而投影面积则指的是用正投影法将建筑物投影所得到的建筑物投影的面积。

【例】　如图 3-154 所示,求室外楼梯建筑面积(F)。

【解】　室外楼梯一般为二跑梯式,梯井宽一般都不超过 500mm,故按各层水平投影面积计算建筑面积;不扣减梯井面积。图 3-154 中的室外楼梯建筑面积为两种情况:

$$S = 4 \times a \times b$$

(1)最上一层有永久顶盖应按建筑物自然层的水平投影面积的 1/2 计算:

$$S = 4 \times a \times b \times \frac{1}{2} = 2ab$$

(2)最上一层无永久性顶盖或没有能完全遮盖楼梯的雨篷时,最上一层不计算建筑面积,故其建筑面积计算:

$$S = 3ab$$

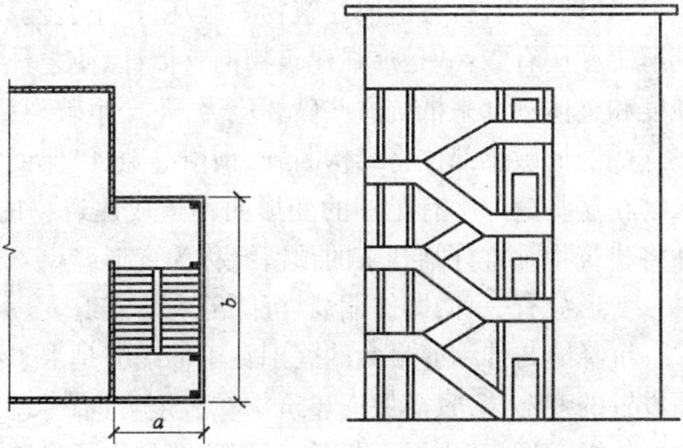

图 3-154

《建筑工程建筑面积计算规范》GB/T 50353—2005

3.0.21 以幕墙作为围护结构的建筑物,应按幕墙外边线计算建筑面积。

3.0.22 建筑物外墙外侧有保温隔热层的,应按保温隔热层外边线计算建筑面积。

3.0.23 建筑物内的变形缝,应按其自然层合并在建筑面积内计算。

条文说明:本规范所指建筑物内的变形缝是与建筑物相连通的变形缝,即暴露在建筑物内,在建筑物内可以看得见的变形缝。

《全国统一建筑工程预算工程量计算规则》土建工程 GJD_{GZ}—101—95

第 **2.1.16** 条 建筑物内变形缝、沉降缝等,凡缝宽在 **300mm** 以内者,均依其缝宽按自然层计算建筑面积,并入建筑物建筑面积之内计算。

【名词释义】 变形缝:建筑物由于温度变化、地基不均匀沉降以及地震等作用的影响,使结构内部产生附加应力和变形，处理不当，将会造成建筑物的破坏，产生裂缝甚至倒塌，其解决办法有二：一是加强建筑物的整体性，使之具有足够的强度和整体刚度来抵抗这些破坏应力，不产生破裂；二是预先在这些变形敏感部位将结构断开，预留缝隙，以保证各部分建筑物在这些缝隙中有足够的变形而不造成建筑物的破损，这种将建筑物垂直分割开来的预留缝称为变形缝。

变形缝有三种，即伸缩缝、沉降缝和防震缝。

沉降缝与伸缩缝最大的区别在于伸缩缝是由于温度影响而设置的变形缝，只需保证建筑物在长度方向（水平方向）的自由伸缩变形，基础可不断开；而沉降缝是为了建筑物各部分由于不均匀沉降引起的破坏而设置的变形缝。沉降缝主要满足建筑物各部分不均匀沉降，在垂直方向自由沉降变形，应将建筑物从基础到屋顶全部断开。

沉降缝一般同时起伸缩缝的作用，其构造与伸缩缝基本相同。但塞缝条及调节结构构造必须注意保证在水平方向和垂直方向自由变形。屋顶沉降缝应充分考虑不均匀沉降对屋面泛水带来的影响，可用镀锌皮调节片，以利沉降和换修。如图 3-155 所示，沉降缝的宽度见表 3-2。

表 3-2　沉降缝的宽度

地基情况	建筑物的高度	沉降缝宽度/mm	地基情况	建筑物的高度	沉降缝宽度/mm
一般地基	H < 5m	30	软弱地基	2 ~ 3 层	50 ~ 80
	H = 5 ~ 10m	50		4 ~ 5 层	80 ~ 120
	H = 10 ~ 15m	70		5 层以上	>120
			湿陷性黄土地基		≥30 ~ 70

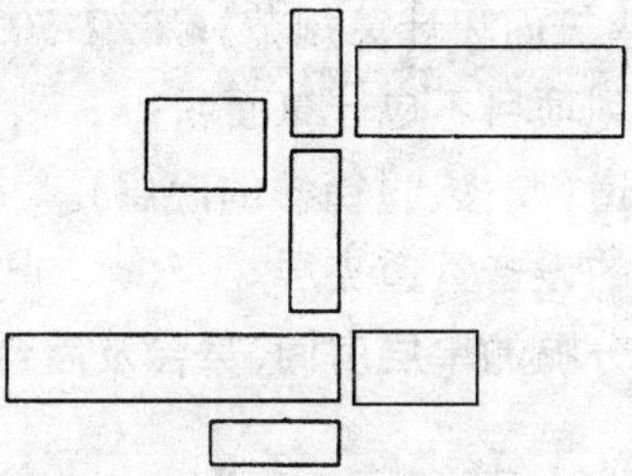

图 3-155　沉降缝设置举例

砖墙沉降缝在基础处也应断开，常见的处理方案有双墙式和悬挑式两种。

双墙式作法是在沉降缝两侧都设有承重墙以保证每个沉降单元都有纵横墙联结，使建筑物的整体性较好，但易使基础偏心受力。如图 3-156 所示。

挑梁式方案是为了使沉降缝两侧的地基能自由沉降而互不影响。常用挑梁基础的办法解决。此时，挑梁端上的墙体应尽量用轻质隔墙并设置构造柱。

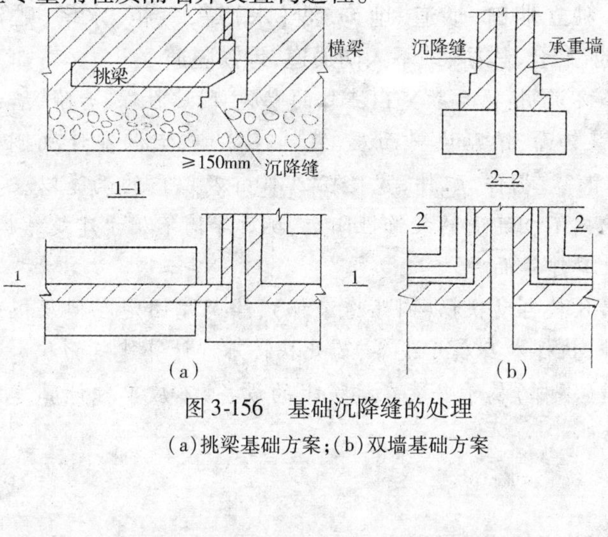

图 3-156　基础沉降缝的处理

(a)挑梁基础方案；(b)双墙基础方案

《建筑工程建筑面积计算规范》GB/T 50353—2005

3.0.24 下列项目不应计算面积:

1. 建筑物通道(骑楼、过街楼的底层)。

2. 建筑物内的设备管道夹层。

3. 建筑物内分隔的单层房间,舞台及后台悬挂幕布、布景的天桥、挑台等。

4. 屋顶水箱、花架、凉棚、露台、露天游泳池。

5. 建筑物内的操作平台、上料平台、安装箱和罐体的平台。

6. 勒脚、附墙柱、垛、台阶、墙面抹灰、装饰面、镀贴块料面层、装饰性幕墙、空调室外机搁板(箱)、飘窗、构件、配件、宽度在 2.10m 及以内的雨篷以及与建筑物内不相连通的装饰性阳台、挑廊。

7. 无永久性顶盖的架空走廊、室外楼梯和用于检修、消防等的室外钢楼梯、爬梯。

8. 自动扶梯、自动人行道。

9. 独立烟囱、烟道、地沟、油(水)罐、气柜、水塔、贮油(水)池、贮仓、栈桥、地下人防通道、地铁隧道。

条文说明:第 6 款突出墙外的勒脚、附墙柱垛、台阶、墙面抹灰、装饰面、镶贴块料面层、装饰性幕墙、空调室外机搁板(箱)、飘窗、构件、配件、宽度在 2.10m 及以内的雨篷以及与建筑物内不相连通的装饰性阳台、挑廊等均不属于建筑结构,不应计算建筑面积。

第 8 款自动扶梯(斜步道滚梯),除两端固定在楼层板或梁之外,扶梯本身属于设备,为此扶楼不宜计算建筑面积。水平步道(滚梯)属于安装在楼板上的设备,不应单独计算建筑面积。

《全国统一建筑工程预算工程量计算规则》土建工程 GJD_{GZ}—101—95

第 2.2.1 条 突出外墙的构件、配件、附墙柱、垛、勒脚、台阶、悬挑雨篷、墙面抹灰、镶贴块材、装饰面等。如图 3-157 所示。

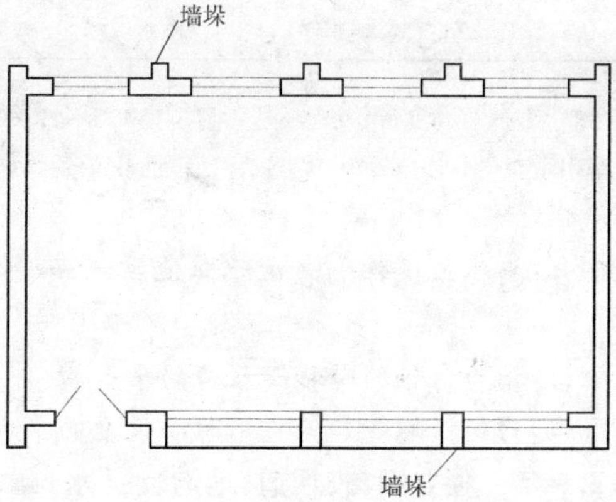

图 3-157 不计算建筑面积示意图(一)

第 2.2.2 条 用于检修、消防等室外爬梯。如图 3-158 所示。

条文说明:室外爬梯一般指与建筑墙体平行的供装修等用的梯子。这些梯子多为简易金属梯。

第 2.2.3 条 层高 2.2m 以内设备管道层、贮藏室、设计不利用的深基础架空层及吊脚架空层。

第 2.2.4 条 建筑物内操作平台、上料平台、安装箱或罐体平台;没有围护结构的屋顶水箱、花架、凉棚等。如图 3-159 所示。

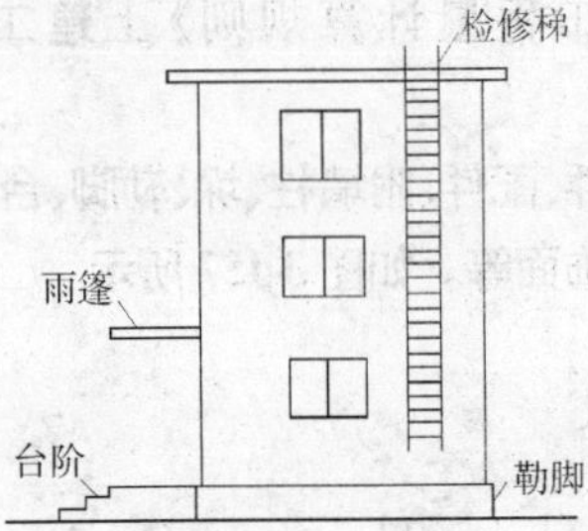

图 3-158　不计算建筑面积示意图(二)

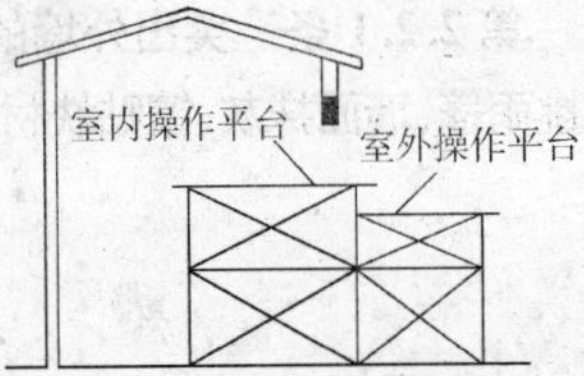

图 3-159　不计算建筑面积示意图(三)

条文说明：

操作平台：指施工操作或者由于其他需求而事先设置的平台。

上料平台：指为材料的转移而预留的平台。

罐体平台：为检修罐等其他作用时而设置的平台。

第 2.2.5 条　独立烟囱、烟道、地沟、油(水)罐、气柜、水塔、贮油(水)池、贮仓、栈桥、地下人防通道等构筑物。

条文说明：

烟囱：即为通过自身产生的抽力，将工业生产中产生的烟气合理地排放到卫生标准允许的空间，保证烟气的有效扩散。分为砖烟囱、钢筋混凝土烟囱、钢烟囱。

地沟：地下的沟渠，多用来灌溉或排除雨水、污水等。

栈桥：火车站、港口、矿山或工厂的一种建筑物，形状略像桥，用于装卸货物，港口上的栈桥也用于上下旅客。

第 2.2.6 条　单层建筑物内分隔单层房间、舞台及后台悬挂的幕布、布景天桥、挑台。

条文说明：本条是对单层建筑物的一些戏剧设施而不计

算建筑面积的规定。因为隔间的面积不包含在建筑物内，故不再另行计算。

第 2.2.7 条　建筑物内宽度大于 300mm 的变形缝、沉降缝。

条文说明：各种变形、沉降缝均分层计算建筑面积，但缝宽大于 300mm 的变形缝、沉降缝则不计算建筑面积。

《建筑面积计算规则》1982 年

二、不计算建筑面积的范围：

1. 突出墙面的构件配件和艺术装饰，如：柱、垛、勒脚、台阶、无柱雨篷等。

2. 检修、消防等用的室外爬梯。

3. 层高在 2.2 米以内的技术层。

4. 构筑物，如独立烟囱、烟道、油罐、水塔、贮油（水）池、贮仓、圆库、地下人防干、支线等。

5. 建筑物内外的操作平台、上料平台，及利用建筑物的空间安置箱罐的平台。

6. 没有围护结构的屋顶水箱、舞台及后台悬挂幕布、布景的天桥、挑台。

7. 单层建筑物内分隔的操作间、控制室、仪表间等单层房间。

8. 层高小于 2.2 米的深基础地下架空层、坡地建筑物吊脚架空层。

【名词释义】　突出外墙的构件、配件、附墙柱、垛、勒脚、台阶、悬挑雨篷、墙面抹灰、镶贴块材、装饰面等。

本条中对建筑物外墙突出构件的规定，突出外墙的构件包括窗台线、腰线、遮阳板、雨篷等。如图 3-160 所示，配件包括花池、落水管、雨水沟等。

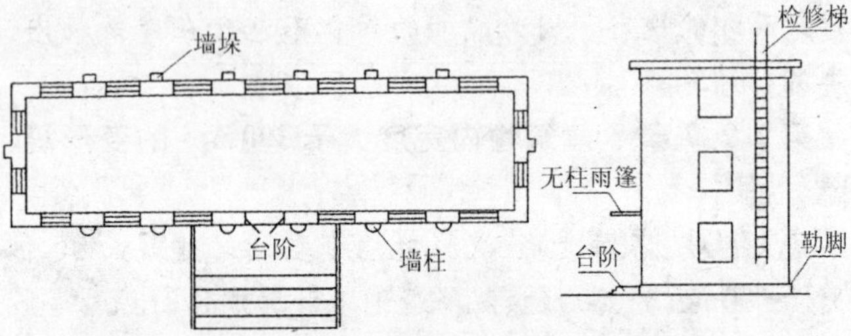

图 3-160　不计算建筑面积构件图

窗台线:突出墙面的横直线。

腰线:过梁和窗台形成的上下水平线。

遮阳:是防止直射阳光照入室内以减少透入室内的太阳辐射热量,防止夏季室内过热,特别是避免局部过热和避免产生眩光以及保护物品而采取的一种建筑措施。

窗台经遮阳后,对抵挡太阳辐射热量和降低室内气温,效果较为显著,但对房间的采光和通风也有较大的影响。一般采用绿化挑檐、外廊、阳台、花格等以及茅、竹、木、布等材料制成的简易遮阳。如图 3-161 所示。

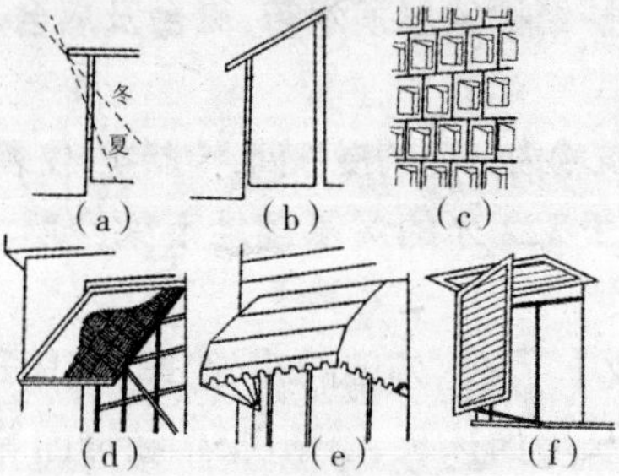

图 3-161　简易遮阳

a)出檐;(b)外檐;(c)花格;(d)芦席遮阳;

(e)布篷遮阳;(f)旋转百页遮阳

窗台遮阳板按其形状及效果而言，可分为四种基本形式：水平式、垂直式、综合式和挡板式。

(1)水平遮阳：能够遮挡高度角较大的、从窗口上方照射下来的阳光，故它适用于南向及其附近的窗口或北回归线以南低纬度地区之北向及其附近的窗口，如图3-162(a)所示。

(2)垂直遮阳：能够遮挡高度角较小的、从窗口侧边斜射下来的阳光，它不起遮挡作用，所以主要适用于偏东偏西的南或北向及其附近的窗口。如图3-162(b)所示。

(3)综合遮阳：以上两种的综合，能够挡住从窗左右侧及前上方斜射来阳光，遮阳结果比较均匀，主要适用于南、东南及西南及其附近的窗台。如图3-162(c)所示。

(4)挡板遮阳：能够遮挡高度角较小的，正射窗口的阳光，主要适用于东、西向及其附近的窗口。如图3-162(d)所示。

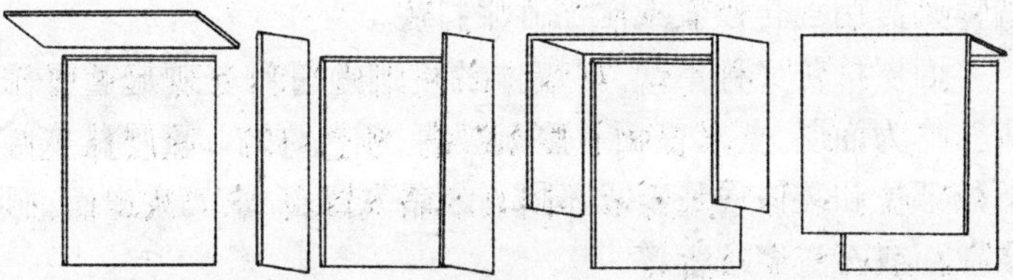

图3-162 遮阳板基本形式

(a)水平遮阳；(b)垂直遮阳；(c)综合遮阳；(d)档板遮阳

附墙柱：也称墙垛，是指因结构需要，柱与墙联接突出墙的柱。

台阶：用砖、石、混凝土等筑成的一级一级供人上下的建筑物，多在大门前或坡道上。

垛:墙上向外或向上突出的部分。

墙面抹灰:由水泥、石灰膏为胶结材料加入砂或石渣,与水拌和成砂浆或石渣浆,然后抹到墙面上的一种操作工艺,属湿作业范畴,它是一种传统的墙面装修方式,主要特点是材源广、施工简便、造价低廉;缺点是饰面的耐久性低、易开裂、易变色,因多系手工操作且湿作业施工,工效较低。

一般墙面抹灰,有一定厚度,外墙一般有 20 ~ 25mm,内墙一般为 15 ~ 20mm,为避免抹灰出现裂缝,保证抹灰与基层粘结牢固。墙面抹灰层不宜太厚,而且需分层构造,普通标准的装修、抹灰由底层和面层组成。对一些标准较高的抹灰装修,在面层和底层之间,还设有一层或多层中间层。底层抹灰具有使装修层与基层墙体粘牢和初步找平的作用,故又称找平层或打底层,施工上又称刮糙。对普通砖常用石灰在砂浆或混合砂浆打底即可,而对混凝土墙体或有防潮、防水要求的墙体则需用混合砂浆或水泥砂浆打底。

面层抹灰又称罩面,对墙体的使用质量和美观起重要作用。作为面层,要求表面平整无裂痕,颜色均匀。面层抹灰按所处部位和装修质量要求不同有纸筋灰罩面,麻刀灰罩面,砂浆罩面或石渣浆罩面等。

中间层的作业在于进一步找平底层,减少底层砂浆干缩导致面层开裂的可能。同时亦可作为底层与面层之间的粘结层。中间层所用材料视装修要求而定。

在内墙抹灰中,当遇到人群活动频繁,且常受碰撞的墙面或防潮、防水要求较高的墙体,如门厅、公共走廊、厨房、浴室、厕所等处,为保护墙身,常对那些易受碰撞或易受潮的墙面保护处理的部分称为墙裙,其高一般为 1.5m 左右。作墙裙的材料较多,如水泥砂浆抹灰、水磨石、贴瓷砖、贴石板、油漆、涂料、贴墙纸以及铺钉胶合板等。

同时,对经常易受碰撞的内墙凸出的转角处或门窗的两侧,常抹以1.5m的1∶2水泥砂浆打底,以素水泥浆将小圆角进行护理,俗称护角。此外在外墙抹灰中,由于墙面抹灰面积较大,为避免面层产生裂缝且方便操作,以及立面处理的要求,常对抹灰面层作分格处理,俗称为引条线。

镶贴块材:指利用各种天然的或人造的板块对墙面进行的装饰处理。这些装修具有耐久性强、施工方便、质量高、装饰效果好等特点。常见的贴面材料包括陶瓷面砖、玻璃马赛克和水刷石、水磨石等预制板以及花岗岩、大理石等天然面板,其中质感细腻的瓷砖、大理石板多用作室内装饰,而质感粗放,耐损性好的陶瓷面砖、马赛克、花岗岩板等多用作室外装修。

附　录1　建筑工程建筑面积计算规范

应知应会与学习题解

(GB/T 50353—2005)

第一章　总　　则

一、填空题

现批准的《建筑工程建筑面积计算规范》适用于(　　)、(　　)、(　　)的工业与民用建筑工程的面积计算。

答案:新建　扩建　改建

二、单项选择题

有关《建筑工程建筑面积计算规范》开始实施的时间是(　　)。

A. 2005 年 4 月 15 日　　B. 2005 年 7 月 1 日

C. 2006 年 1 月　　D. 2006 年 4 月 15 日

答案:B。选项 A 为规范颁布时间。选项 C 为规范在河南省实施的时间。

第二章 术 语

填空题

1. 房间地平面低于室外地平面的高度超过该房间净高的(　　)者为地下室。

   答案:1/2

2. 房间地坪面低于室外地平面的高度超过该房间净高的(　　),且不超过(　　)者为半地下室。

   答案:1/3　1/2

第三章　计算建筑面积的规定

一、选择题

1. 有关建筑面积计算的规定，下列说法正确的是(　　)。

   A. 单层建筑物高度在 2.10m 及以上者应计算全面积；高度不足 2.10m 者计算 1/2 面积

   B. 坡屋顶内空间净高超过 2.20m 的部位应计算全面积；净高在 1.20m 至 2.20m 的部位应计算 1/2 面积

   C. 地下室、半地下室，应按某外墙上口外边线所围水平面积的 1/2 计算

   D. 多层建筑物首层按其外墙勒脚以上的结构外围水平面积计算；二层及以上楼层应按其外墙结构外围水平面积计算

   答案：D。选项 A 中的高度是 2.20m 及以上者计算全面积；不足 2.20m 者应计算 1/2 面积。选项 B 中净高超过2.10m 的部位应计算全面积；净高在 1.20 至 2.10m 的部位应计算 1/2 面积。选项 C 中地下室、半地下室，层高在 2.20m 及以上者应按其外墙上口（不包括采光井外墙防潮层及其保护墙）外边线所围水平面积计算全面积；层高不足 2.20m 时才计算 1/2 面积。

2. 雨篷结构外边线至外墙结构外边线的宽度超过(　　)者，应按雨篷结构板的水平投影面积的 1/2 计算。

   A. 2.20m　　B. 2.10m

   C. 1.20m　　D. 2.00m

   答案：B。

3. 关于高低联跨的建筑物建筑面积的计算，下列说法正确的是(　　)。

A. 高低联跨的建筑物，应以高跨结构外边线为界分别计算建筑面积；其高低跨内部连通时，其变形缝应计算在高跨面积内

B. 高低联跨的建筑物，应以低跨结构外边线为界分别计算建筑面积；其高低跨内部连通时，其变形缝应计算在低跨面积内

C. 高低联跨的建筑物，应以跨结构外边线为界分别计算建筑面积；其高低跨内部连通时，其变形缝应计算在高跨面积内

D. 高低联跨的建筑物，应以低跨结构外边线为界分别计算建筑面积；其高低跨内部连通时，其变形缝应计算在高跨面积内

答案：C。

4. 下列各项目一定计算建筑面积的是(　　)。

A. 多层建筑坡屋顶内和场馆看台下

B. 深基础架空层、坡地吊脚架空层

C. 架空走廊

D. 建筑物的阳台

答案：D。选项A中，当设计加以利用时净高在1.20m及以上者计算建筑面积；当设计不利用或室内净高不足1.20m不计算面积。选项B中，当设计加以利用时计算建筑面积；设计不利用的不计算建筑面积。选项C中，有围护结构的或有永久性顶盖无围护结构的，才计算建筑面积。

二、多项选择题

1. 建筑物内的下列各项目应计算建筑面积的是(　　)。

A. 管道井　　B. 设备管道夹层

C. 垃圾道　　D. 附墙烟囱

E. 挑台

答案:A、C、D。

2. 下列项目不应计算面积的是(　　)。

A. 建筑物内的变形缝

B. 建筑物通道(骑楼、过街楼的底层)

C. 凉棚、露台、露天游泳池

D. 建筑物内的安装箱和操作平台

E. 独立烟囱、烟道、地沟、水塔

答案:B、C、D、E。

三、判断题

1. 建筑物顶部的楼梯间、水箱间、电梯机房等,层高在 2.20m 及以上者应计算全面积;层高不足 2.20m 者应计算 1/2 面积。(　　)

2. 屋顶水箱不计算面积。(　　)

3. 与建筑物内不相连通的装饰性阳台应按其水平投影面积的 1/2 计算面积。(　　)

答案:1. ×　2. √　3. ×

附录 2　建筑工程建筑面积计算实例评析

1. **如何计算单层建筑物建筑面积?**

单层建筑物的建筑面积,应按其外墙勒脚以上结构外围水平面积计算,勒脚是墙根部很矮的一部分墙体加厚,不能代表整个外墙结构,因此要扣除勒脚墙体加厚的部分。

除以上规定外,单层建筑物建筑面积还应符合以下规定:

(1)单层建筑物高度在 2.20m 及以上者应计算全面积;高度不足 2.20m 者应计算 1/2 面积。

(2)利用坡屋顶内空间时净高超过 2.10m 的部位应计算全面积;净高在 1.20m 至 2.10m 的部位应计算 1/2 面积;净高不足 1.20m 的部位不应计算面积。

【例】 如图 1 所示为单层建筑物示意图,试计算其建筑面积。

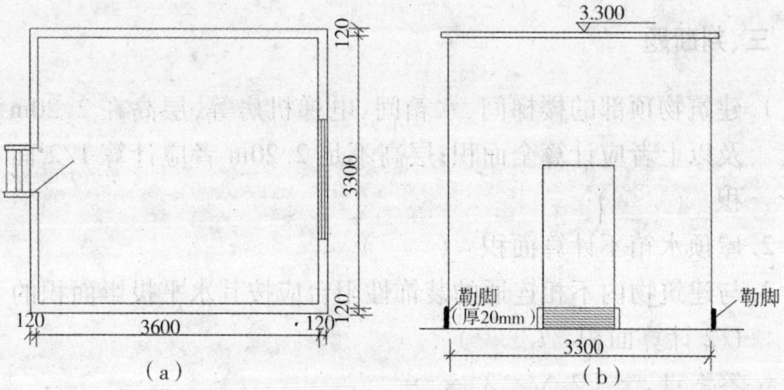

图 1　单层建筑物示意图

(a)平面图;(b)东立面图

【解】 (1)正确的计算方法

因其高度 $H=3.30\text{m}>2.20\text{m}$，故应按其外墙勒脚以上结构外围水平面积计算全面积。

$$
\begin{aligned}
S &= (3.6+0.12\times2)\times(3.3+0.12\times2)\text{m}^2 \\
&= 3.84\times3.54\text{m}^2 \\
&= 13.59\text{m}^2
\end{aligned}
$$

(2)错误的计算方法

按勒脚外围水平面积计算。

$$
\begin{aligned}
S &= (3.6+0.12\times2+0.02\times2)\times(3.3+0.12\times2+0.02\times2)\text{m}^2 \\
&= 3.88\times3.58\text{m}^2 \\
&= 13.89\text{m}^2
\end{aligned}
$$

【评析】 第 2 种错误的计算方法的错误在于其外围水平面积取错了，不应按勒脚外围水平面积计算，应按勒脚以上外墙外围水平面积计算。

【例】 如图 2 所示，试求单层建筑物建筑面积。

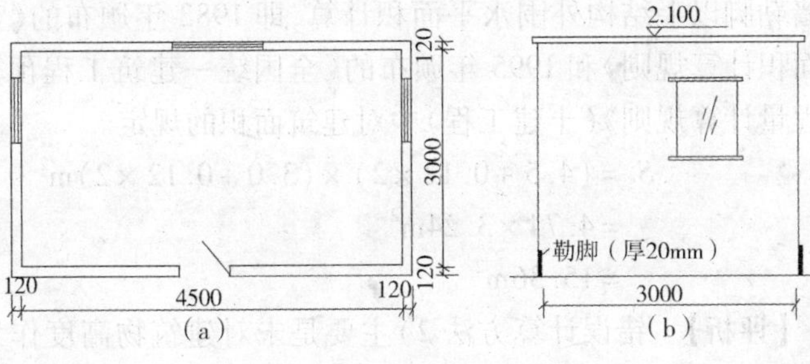

图 2 单层建筑物示意图

(a)平面图；(b)东立面图

【解】 (1)正确的计算方法

如图 2 所示，此单层建筑物高度 $H=2.10\text{m}<2.20\text{m}$，故应

按外墙勒脚以上结构外围水平面积的1/2计算其建筑面积。

$$S=\frac{1}{2}\times(4.5+0.12\times2)\times(3.0+0.12\times2)m^2$$

$$=\frac{1}{2}\times4.74\times3.24m^2$$

$$=7.68m^2$$

(2)错误的计算方法有两种

1)前面已介绍过，其外围面积按勒脚外围水平面积取，则其建筑面积为：

$$S=\frac{1}{2}\times(4.5+0.12\times2+0.02\times2)\times(3.0+0.12\times2+0.02\times2)m^2$$

$$=\frac{1}{2}\times4.78\times3.28m^2$$

$$=7.84m^2$$

2)计算单层建筑物建筑面积时，不论其高度如何均按其外墙勒脚以上结构外围水平面积计算，即1982年颁布的《建筑面积计算规则》和1995年颁布的《全国统一建筑工程预算工程量计算规则》(土建工程)中对建筑面积的规定。

$$S=(4.5+0.12\times2)\times(3.0+0.12\times2)m^2$$

$$=4.74\times3.24m^2$$

$$=15.36m^2$$

【评析】 错误计算方法2)主要是未对建筑物高度作划分，计算单层建筑物时应按不同的高度确定其建筑面积的计算方法，即2005年新颁布的《建筑工程建筑面积计算规范》(GB/T 50353—2005)中对单层建筑物的规定。

【例】 如图3所示，试求坡屋面建筑物建筑面积。

【解】 (1)正确的计算方法

根据最新颁布的《建筑工程建筑面积计算规范》(GB/T 50353—2005),我们应按以下三种情况来计算利用坡屋顶建筑物建筑面积。

1)净高 $H<1.2\text{m}$ 的部位,不应计算建筑面积。

2)$1.2\text{m}\leqslant H\leqslant 2.1\text{m}$ 的部位,计算1/2面积。

3)$H>2.1\text{m}$ 的部位计算全面积。

综上所述,图3所示的建筑物建筑面积为:

$$
\begin{aligned}
S &= \left[0+\frac{1}{2}\times 1.8\times(6.0+0.12\times 2)+(1.5+0.12)\times(6.0+0.12\times 2)\right]\text{m}^2 \\
&= (0+5.616+10.109)\text{m}^2 \\
&= 15.73\text{m}^2
\end{aligned}
$$

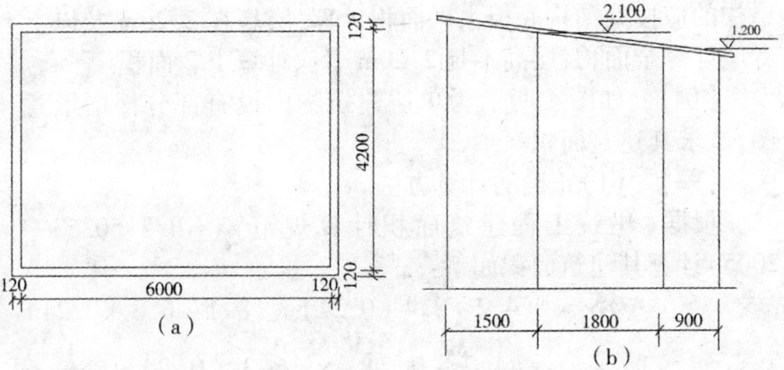

图3 坡屋面建筑物

(a)平面图;(b)东立面图

(2)错误的计算方法

1982年颁布的《建筑面积计算规则》和1995年颁布的

《全国统一建筑工程预算工程量计算规则》对坡屋面单层建筑物建筑面积均未做规定，只能按单层建筑物建筑面积计算方法计算。

$$S = (6.0 + 0.12 \times 2) \times (4.2 + 0.12 \times 2)\,\mathrm{m}^2$$
$$= 6.24 \times 4.44\,\mathrm{m}^2$$
$$= 27.71\,\mathrm{m}^2$$

【评析】 错误的计算方法(2)没有考虑坡屋面内各处净高不同，算法太粗略，而正确的计算方法(1)则根据坡屋顶内净高不同来分别计算建筑面积，比较科学合理。

2. 如果单层建筑物内设有局部楼层，该如何计算单层建筑物建筑面积？

《建筑工程建筑面积计算规范》(GB/T 50353—2005)规定：单层建筑物内设有局部楼层者，局部楼层的二层及以上楼层，有围护结构的应按其围护结构外围水平面积计算，无围护结构的应按其结构底板水平面积计算，层高在2.20m及以上者应计算全面积；层高不足2.20m者应计算1/2面积。

【例】 如图4所示为单层建筑物内设有部分楼层示意图，试求其建筑面积。

【解】 (1)正确的计算方法

根据《建筑工程建筑面积计算规范》(GB/T 50353—2005)计算其建筑面积如下：

$$S = [(4.2 + 2.4 + 0.24) \times (8.1 + 6.3 + 0.24) + (4.2 + 0.24) \times (6.3 + 0.24) \times \frac{1}{2} + (4.2 + 0.24) \times (6.3 + 0.24)]\,\mathrm{m}^2$$
$$= (100.14 + 14.52 + 29.04)\,\mathrm{m}^2$$
$$= 143.70\,\mathrm{m}^2$$

(2)错误的计算方法

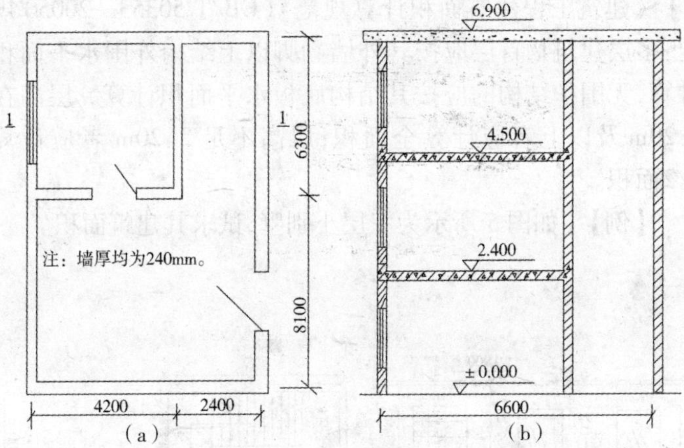

图4　单层建筑物带部分楼层示意图
(a)平面图;(b)1—1剖面图

1982年颁布的《建筑面积计算规则》和1995年颁布的《全国统一建筑工程预算工程量计算规则》(土建工程)(GJD_{GZ}—101—95)规定:单层建筑物内设有部分楼层者,首层已包括在单层建筑面积内,二层及二层以上应计算建筑面积。

$$
\begin{aligned}
S &= [(4.2+2.4+0.24)\times(8.1+6.3+0.24)+(4.2+0.24)\times(6.3+0.24)\times 2]\mathrm{m}^2 \\
&= (100.14+29.04\times 2)\mathrm{m}^2 \\
&= 158.22\mathrm{m}^2
\end{aligned}
$$

【评析】　错误的计算方法(2)即以前1982年和1995年旧规范对局部楼层的层高未区别对待,而正确的计算方法应该是根据局部楼层的层高来确定其建筑面积是按1/2面积计算还是按全面积计算。

3. 多层建筑物的建筑面积应该如何计算?

《建筑工程建筑面积计算规范》(GB/T 50353—2005)规定:多层建筑物首层应按其外墙勒脚以上结构外围水平面积计算,无围护结构的应按其结构底板水平面积计算。层高在2.20m及以上者应计算全面积;层高不足2.20m者应计算1/2面积。

【例】 如图5所示为三层小别墅,试求其建筑面积。

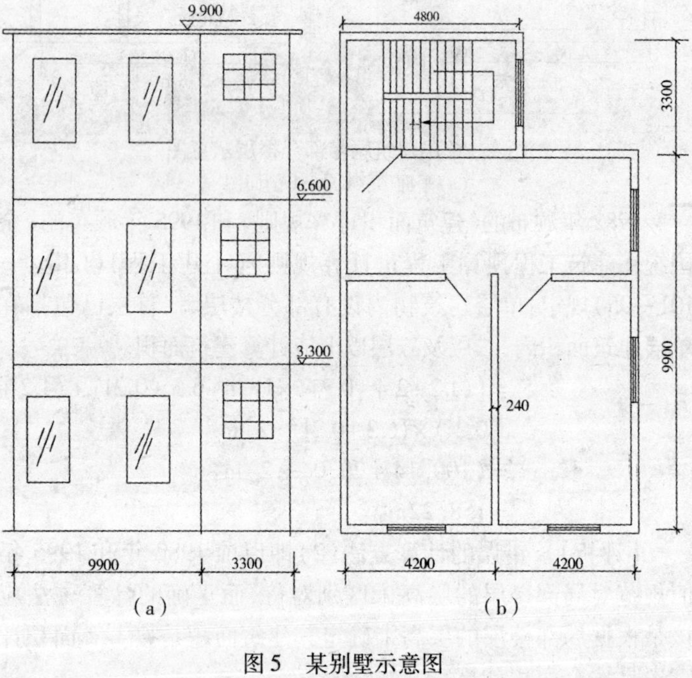

图5 某别墅示意图

(a)东立面图;(b)二、三层平面图

【解】 根据《建筑工程建筑面积计算规范》(GB/T 50353—2005)计算其建筑面积为:

$$S = [(4.2 + 4.2 + 0.24) \times (9.9 + 0.24) + (4.8 + 0.24) \times 3.3] \times 3\text{m}^2$$
$$= (87.61 + 16.63) \times 3\text{m}^2$$
$$= 312.72\text{m}^2$$

【例】 如图 5 所示,若三层层高分别为 $H_1 = 2.10\text{m}$, $H_2 = H_3 = 3.30\text{m}$,试求其建筑面积。

【解】 (1)正确的计算方法

根据其层高不同应分别应用不同的计算方法计算,$H_1 = 2.10\text{m} < 2.20\text{m}$,故应按 1/2 面积计算,$H_2 = H_3 = 3.30\text{m} > 2.20\text{m}$,故应按全面积计算。

$$S = S_1 + S_2 + S_3$$
$$= \{[(4.2 + 4.2 + 0.24) \times (9.9 + 0.24) + (4.8 + 0.24) \times 3.3] \times \frac{1}{2} + [(4.2 + 4.2 + 0.24) \times (9.9 + 0.24) + (4.8 + 0.24) \times 3.3] \times 2\}\text{m}^2$$
$$= [(87.61 + 16.63) \times \frac{1}{2} + (87.61 + 16.63) \times 2]\text{m}^2$$
$$= 260.60\text{m}^2$$

(2)错误的计算方法

根据 1982 年颁布的《建筑面积计算规则》和《全国统一建筑工程预算工程量计算规则》(土建工程)(GJD_{GZ}—101—95)中对多层建筑物建筑面积规定,不论其高度如何,按各层建筑物面积之和计算。

$$S = [(4.2 + 4.2 + 0.24) \times (9.9 + 0.24) + (4.8 + 0.24) \times 3.3] \times 3m^2$$

$$= (87.61 + 16.63) \times 3m^2$$

$$= 312.72m^2$$

【评析】 错误的计算方法(2)主要是没有区分各层高度而直接是简单的各层建筑面积之和,最新颁布的《建筑工程建筑面积计算规范》(GB/T 50353—2005)则是以2.20m为界线,根据层高分别规定的计算建筑面积的方法,层高在2.20m及以上者计算全面积;层高不足2.20m者计算1/2面积。

多层建筑物的建筑面积应按不同的层高分别计算。层高是指上下两层楼面结构标高之间的垂直距离。建筑物最底层的层高,有基础底板的指基础底板上表面结构标高至上层楼面结构标高之间的垂直距离;没有基础底板的指地面标高至上层楼面结构标高之间的垂直距离。最上一层的层高是指楼面结构标高至屋面板板面结构标高或屋面板最低处板面结构标高之间的垂直距离。

4. 多层建筑物坡屋顶内和场馆看台下,当设计加以利用时,应该如何计算其建筑面积?

多层建筑坡屋顶内和场馆看台下,当设计加以利用时净高超过2.10m的部位应计算全面积;净高在1.20m至2.10m的部位应计算1/2面积;当设计不利用或室内净高不足1.20m时不应计算面积。

【例】 如图6所示,某体育馆看台示意图,试计算其建筑面积。

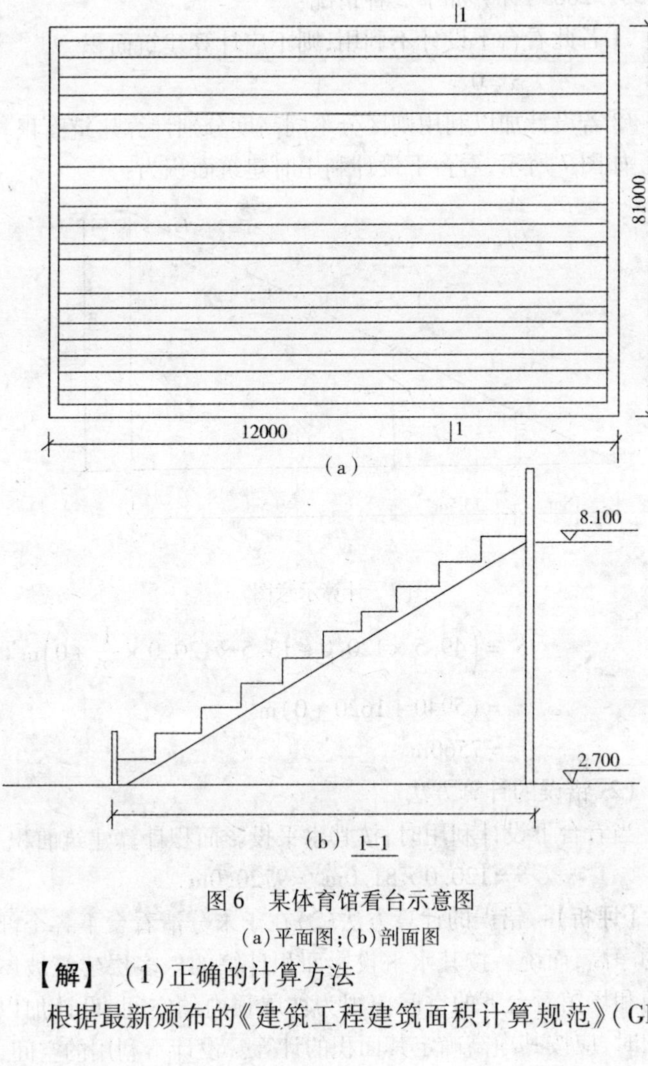

图 6　某体育馆看台示意图

(a)平面图;(b)剖面图

【解】　(1)正确的计算方法

根据最新颁布的《建筑工程建筑面积计算规范》(GB/T

50353—2005)计算如下 2 种情况:

①若此看台下设计不利用,则不应计算建筑面积。

$$S=0$$

②若设计加以利用则区分不同高度分别计算建筑面积。如图 7 所示,看台下设计利用时建筑面积为:

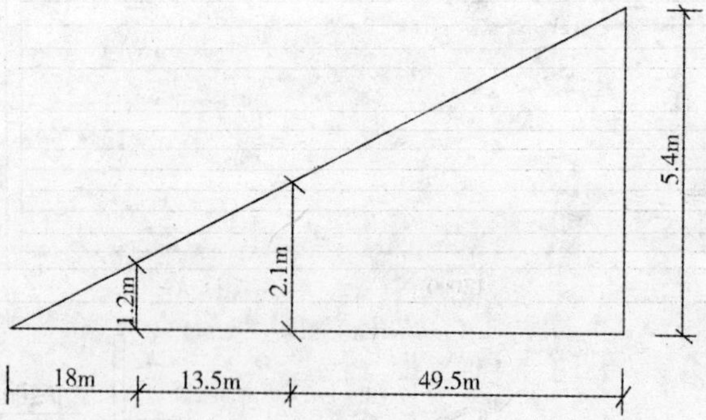

图 7　计算示意图

$$S=\left(49.5\times120.0+13.5\times120.0\times\frac{1}{2}+0\right)\text{m}^2$$
$$=(5940+1620+0)\text{m}^2$$
$$=7560\text{m}^2$$

(2)错误的计算方法

当看台下设计利用时,按其水平投影面积计算建筑面积。

$$S=120.0\times81.0\text{m}^2=9720.0\text{m}^2$$

【评析】 错误的计算方法(2)在于未分清看台下各个部位的净高,而统一按其水平投影面积计算的。多层建筑坡屋顶内和场馆看台下的空间应视为坡屋顶内的空间,设计加以利用时,应按其净高确定其面积的计算。设计不利用的空间,不应计算建筑面积。

5. 地下室、半地下室建筑面积应如何计算?

地下室、半地下室(车间、商店、车站、车库、仓库等),包括相应的有永久性顶盖的出入口,应按其外墙上口(不包括采光井、外墙防潮层及其保护墙)外边线所围水平面积计算。层高在2.20m及以上者应计算全面积;层高不足2.20m者应计算1/2面积。

【例】 如图8所示为地下商店,试求其建筑面积。

【解】 (1)正确的计算方法

根据国家颁布的最新规范《建筑工程建筑面积计算规范》(GB/T 50353—2005)计算该地下商店建筑面积如下:

$$S=[(30.0+0.24)\times(12.0+0.24)+(30.0+0.24)\times(12.0+0.24)\times\frac{1}{2}]\text{m}^2$$

$$=(370.14+185.07)\text{m}^2$$

$$=555.21\text{m}^2$$

(2)错误的计算方法通常包括以下4种情况:

1)无论其高度如何,均按全面积计算,计算建筑面积时包括采光井、保护墙、防潮层,其建筑面积为:

$$S=(30.0+0.24+0.5\times2)\times(12.0+0.24+0.5\times2)\times2\text{m}^2$$

$$=31.24\times13.24\times2\text{m}^2$$

$$=827.24\text{m}^2$$

2)按其保护墙外围水平面积计算如下:

$$S=[30.0+0.24+(0.06+0.12)\times2]\times[12.0+0.24+(0.06+0.12)\times2]\times2\text{m}^2$$

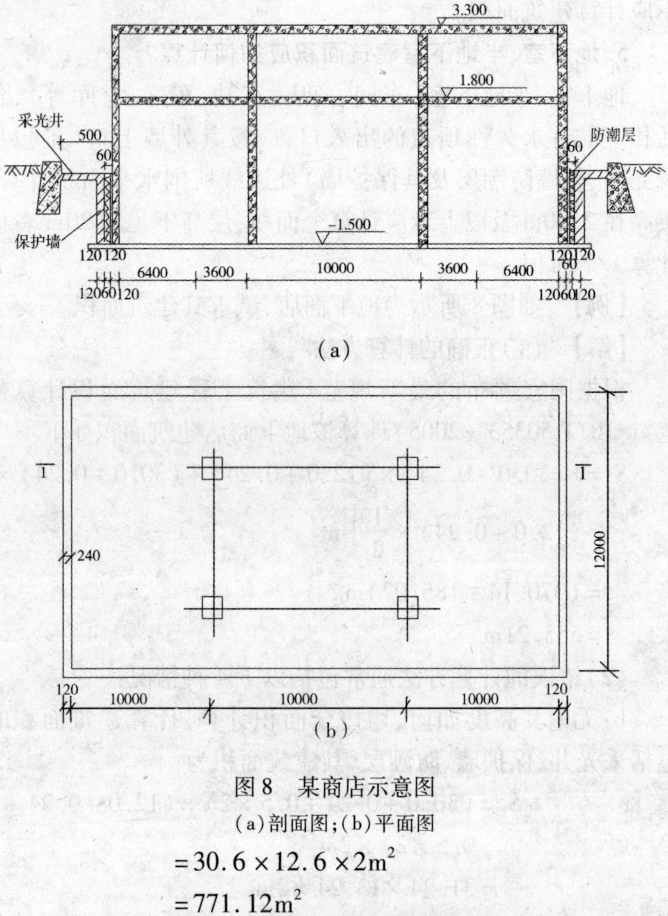

图 8　某商店示意图

(a)剖面图;(b)平面图

$$= 30.6 \times 12.6 \times 2\text{m}^2$$

$$= 771.12\text{m}^2$$

3)按防潮层外围水平面积,根据其高度不同分别计算:

$$S = [(30.0 + 0.24 + 0.06 \times 2) \times (12.0 + 0.24 + 0.06 \times 2) + (30.0 + 0.24 + 0.06 \times 2) \times$$

$$(12.0+0.24+0.06\times 2)\times\frac{1}{2}]\text{m}^2$$

$$=(375.25+187.62)\text{m}^2$$

$$=562.87\text{m}^2$$

4)若地下室上面建筑物平面图如图9所示，计算过程中经常会误把上层建筑物外墙当成地下室外墙而把建筑面积算错，错误算法如下：

$$S=(29.76+0.24)\times(11.76+0.24)\times 2\text{m}^2$$

$$=30.0\times 12.0\times 2\text{m}^2$$

$$=720\text{m}^2$$

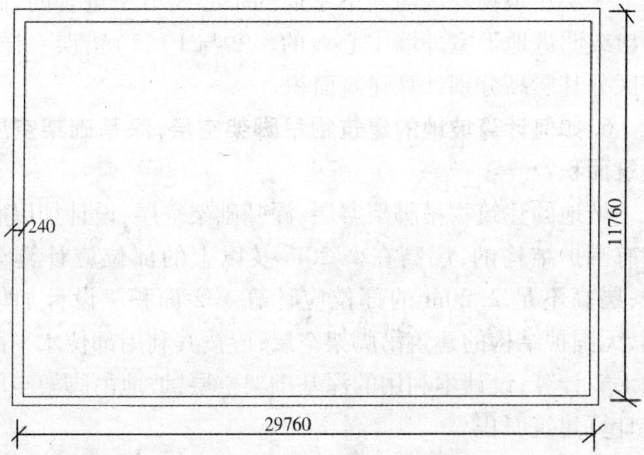

图9　地下室上面建筑物平面示意图

【评析】　错误算法1)两点错误：①不应包括采光井、保护墙和防潮层，应按地下室外墙上口外边线所围水平面积计算。②应区分不同高度分别计算。

错误算法2)同样有两点错误:①不应按保护墙外围水平面积计算,而应按地下室外墙上口外边线所围水平面积计算。②与错误算法1)相同都没有区分其高度均按全面积计算的,国家最新规范规定:层高不足2.20m者计算1/2面积;层高在2.20m及以上者计算全面积。

错误算法3)的错误是其外围水平面积不应取防潮层的(即不包括防潮层),而应按其外墙上口外边线所围水平面积计算。

错误算法4)有两点错误:①外围水平面积取错了,不应该取地下室上层建筑物外墙外围水平面积,通常情况下地下室上一层建筑物外墙与地下室墙的中心线不是重合的,而是凸出或凹进地下室外墙中心线的。②与1)、2)错误一样,没有区分其层高分别计算建筑面积。

6. 如何计算坡地的建筑物吊脚架空层,深基础架空层的建筑面积?

坡地的建筑物吊脚架空层、深基础架空层,设计加以利用并有围护结构的,层高在2.20m及以上的部位应计算全面积;层高不足2.20m的部位应计算1/2面积。设计加以利用、无围护结构的建筑吊脚架空层,应按其利用部位水平面积的1/2计算;设计不利用的深基础架空层,坡地吊脚架空层不应计算建筑面积。

【例】 如图10所示,利用坡地做吊脚架空层示意图,试求其架空层建筑面积。

【解】 (1)正确的计算方法

根据国家颁布的最新规范《建筑工程建筑面积计算规范》(GB/T 50353—2005)由架空层高度不同以及利用与否,

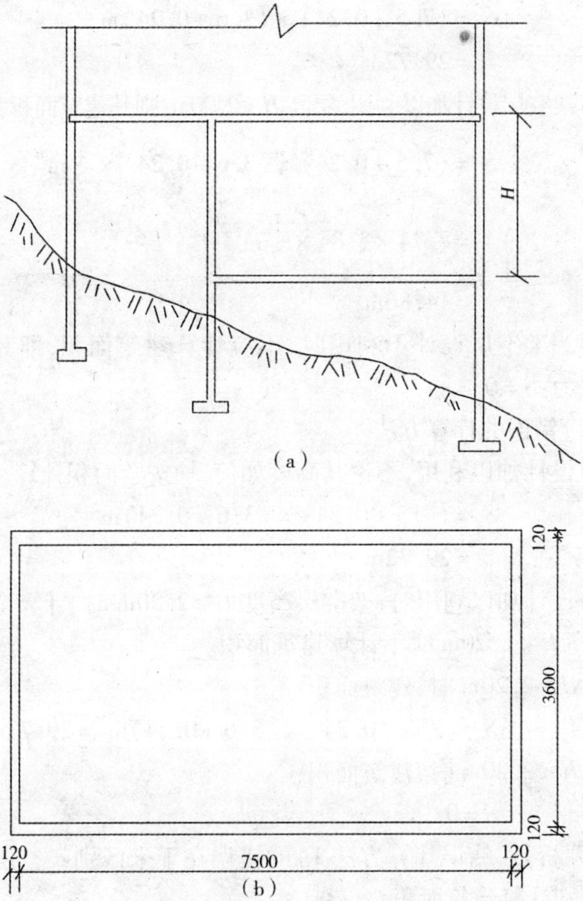

图 10 坡地的建筑物吊脚架空层

(a)剖面图;(b)架空层平面图

而分别计算其建筑面积。

1)架空层设计加以利用且层高 $H \geqslant 2.20$m,则其建筑面积为:

$$S = (7.5 + 0.24) \times (3.6 + 0.24)\text{m}^2$$
$$= 29.72\text{m}^2$$

2)架空层设计加以利用,层高 $H < 2.20\text{m}$,则其建筑面积为:

$$S = (7.5 + 0.24) \times (3.6 + 0.24) \times \frac{1}{2}\text{m}^2$$
$$= 7.74 \times 3.84 \times \frac{1}{2}\text{m}^2$$
$$= 14.86\text{m}^2$$

3)当架空层设计不利用时,不应计算建筑面积,即其建筑面积为:$S = 0$

(2)错误的计算方法

1)设计加以利用,不论其高度如何,均按全面积计算。

$$S = (7.5 + 0.24) \times (3.6 + 0.24)\text{m}^2$$
$$= 29.72\text{m}^2$$

2)设计加以利用时,架空层高度 $H \geqslant 2.20\text{m}$ 时,计算全面积;层高 $H < 2.20\text{m}$ 时不计算建筑面积。

①$H \geqslant 2.20\text{m}$ 时,建筑面积:

$$S = (7.5 + 0.24) \times (3.6 + 0.24)\text{m}^2 = 29.72\text{m}^2$$

②$H < 2.20\text{m}$ 时,建筑面积:

$$S = 0$$

【评析】 错误计算方法 1)的错误在于未区别架空层的高度分别计算建筑面积。

错误计算方法 2)虽区别架空层的高度分别计算其建筑面积了,但是当架空层高度 $H < 2.20\text{m}$ 时,其建筑面积应按其围护结构的 1/2 面积计算,而不是不计算建筑面积。

【例】 如图 11 所示,为深基础架空层示意图,试计算其建筑面积。

【解】 (1)正确的计算方法

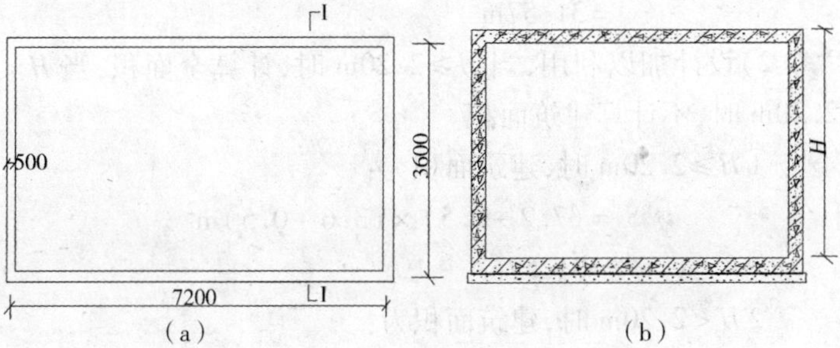

图11 深基础架空层

(a)平面图;(b) Ⅰ—Ⅰ剖面图

根据国家颁布的《建筑工程建筑面积计算规范》(GB/T 50353—2005)计算如下:

1)深基础架空层设计加以利用且层高 H≥2.20m 时,其建筑面积为:

$$S=(7.2+0.5)\times(3.6+0.5)\text{m}^2$$
$$=31.57\text{m}^2$$

2)设计加以利用,层高 $H<2.20$m 时,其建筑面积为:

$$S=(7.2+0.5)\times(3.6+0.5)\times\frac{1}{2}\text{m}^2$$
$$=7.7\times4.1\times\frac{1}{2}\text{m}^2$$
$$=15.79\text{m}^2$$

3)设计不利用时,不论其层高 H 如何,均不应计算建筑面积,即其建筑面积为:$S=0$。

(2)错误的计算方法

1）设计加以利用，不论其层高 H 如何，均按全面积计算。

$$S=(7.2+0.5)\times(3.6+0.5)\text{m}^2$$
$$=31.57\text{m}^2$$

2）设计加以利用，当 $H\geqslant2.20\text{m}$ 时，计算全面积，当 $H<2.20\text{m}$ 时，不计算建筑面积。

①$H\geqslant2.20\text{m}$ 时，建筑面积为：

$$S=(7.2+0.5)\times(3.6+0.5)\text{m}^2$$
$$=31.57\text{m}^2$$

②$H<2.20\text{m}$ 时，建筑面积为：

$$S=0$$

3）不管设计利用与否，层高 H 如何，均按全面积计算其建筑面积。

$$S=(7.2+0.5)\times(3.6+0.5)\text{m}^2$$
$$=7.7\times4.1\text{m}^2$$
$$=31.57\text{m}^2$$

4）设计加以利用，当 $H\geqslant2.20\text{m}$ 时，按 1/2 面积计算；当 $H<2.20\text{m}$ 时，不计算建筑面积。

①当 $H\geqslant2.20\text{m}$ 时，其建筑面积为：

$$S=(7.2+0.5)\times(3.6+0.5)\times\frac{1}{2}\text{m}^2$$
$$=15.79\text{m}^2$$

②当 $H<2.20\text{m}$ 时，其建筑面积为：

$$S=0$$

【评析】 错误计算方法 1）：设计加以利用时，未区分架空层层高如何均按全面积计算建筑面积，应以 2.20m 为界分别计算建筑面积。

错误计算方法2)：架空层设计加以利用时，虽以2.20m为界分开计算建筑面积了，但当$H<2.20m$时，不应不计算建筑面积，应按其围护结构外围水平面积的1/2计算建筑面积。

错误计算方法3)：设计不利用时不应计算建筑面积。设计加以利用时，应根据其层高H决定其建筑面积计算方法。

错误计算方法4)：当$H\geqslant 2.20m$时，不是按1/2面积计算而是按全面积计算；当$H<2.20m$时，不应不计算面积，而应按1/2面积计算架空层建筑面积。

7. 建筑物门厅、大厅建筑面积如何计算？

建筑物的门厅、大厅按一层计算建筑面积。门厅、大厅内设有回廊时，应按其结构底板水平面积计算。回廊层高在2.20m及以上者应计算全面积；层高不足2.20m者应计算1/2面积。

【例】 如图12所示，试求门厅建筑面积。

【解】 (1)正确的计算方法

根据国家颁布的最新规范《建筑工程建筑面积计算规范》(GB/T 50353—2005)计算门厅建筑面积如下：

$$
\begin{aligned}
S &= (3.6+0.24)\times(3.9+0.24)\,m^2 \\
&= 3.84\times 4.14\,m^2 \\
&= 15.90\,m^2
\end{aligned}
$$

(2)错误的计算方法

$$
\begin{aligned}
S &= (3.6-0.24)\times(3.9-0.24)\,m^2 \\
&= 3.36\times 3.66\,m^2 \\
&= 12.30\,m^2
\end{aligned}
$$

【评析】 错误的计算方法(2)计算的是门厅的净面积，而其建筑面积应按其结构外围水平面积计算。但计算首层建

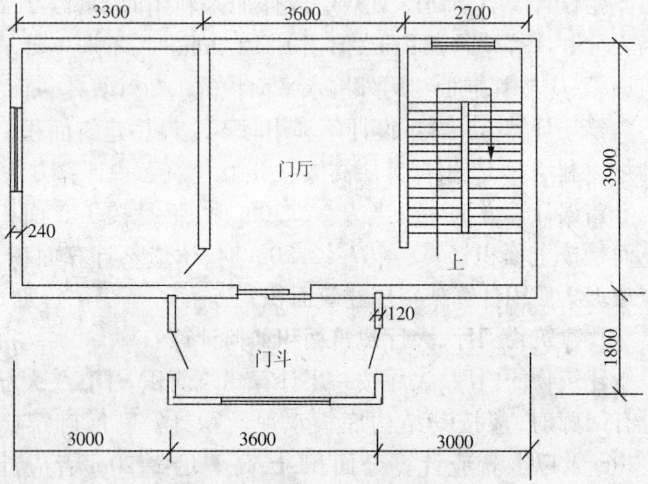

图 12　门斗、门厅示意图

筑面积时，墙体不能重复计算。

【例】　如图 13 所示，某大厅内设有回廊，试求大厅和回廊的建筑面积。

【解】　(1)正确的计算方法

根据国家颁布的最新规范《建筑工程建筑面积计算规范》(GB/T 50353—2005)计算大厅、回廊建筑面积如下：

1)大厅的建筑面积

$$S = (2.1 + 1.2 + 2.1 + 0.24) \times (6.0 + 0.24)\text{m}^2$$
$$= 5.64 \times 6.24\text{m}^2$$
$$= 35.19\text{m}^2$$

2)回廊的建筑面积

①当回廊层高 $H \geqslant 2.20\text{m}$ 时，按全面积计算。

$$S = (1.2 - 0.12) \times [(6.0 - 0.24) + (2.1 +$$

$$2.1+1.2)]\mathrm{m}^2$$

$$=1.08\times11.16\mathrm{m}^2$$

$$=12.05\mathrm{m}^2$$

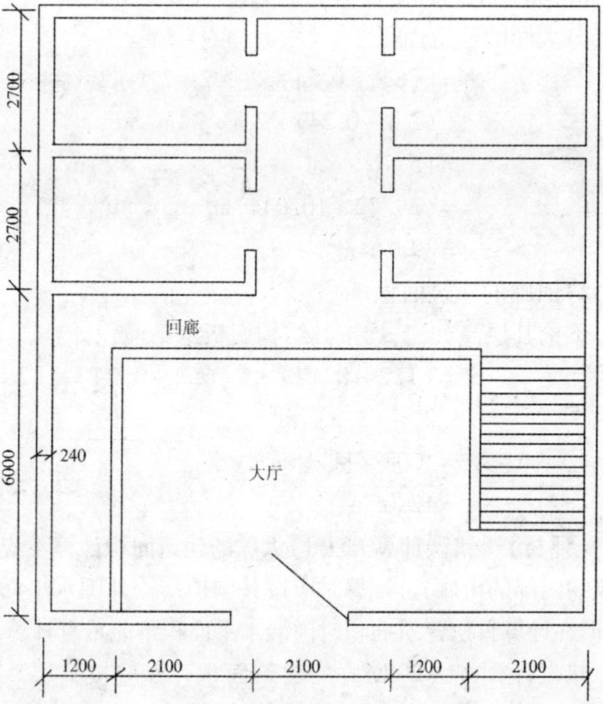

图 13　某大厅设有回廊示意图

②当回廊层高 $H<2.20\mathrm{m}$ 时，按 1/2 面积计算。

$$S=\frac{1}{2}\times(1.2-0.12)\times[(6.0-0.24)+(2.1+2.1+1.2)]\mathrm{m}^2$$

$$=\frac{1}{2}\times 1.08\times 11.16\text{m}^2$$
$$=6.03\text{m}^2$$

(2)错误的计算方法

1)大厅的建筑面积

$$\begin{aligned}S&=[(6.0-0.24)\times(1.2+2.1+2.1-0.24)+\\&\quad(2.1-0.24)\times 2.7\times 2]\text{m}^2\\&=(5.76\times 5.16+1.86\times 2.7\times 2)\text{m}^2\\&=(29.72+10.044)\text{m}^2\\&=39.764\text{m}^2\end{aligned}$$

2)回廊的建筑面积

不论其层高如何,均按其结构底板水平面积计算。

$$\begin{aligned}S&=(1.2-0.12)\times[(6.0-0.24)+(2.1+\\&\quad 2.1+1.2)]\text{m}^2\\&=1.08\times 11.16\text{m}^2\\&=12.05\text{m}^2\end{aligned}$$

【评析】 错误计算方法1)大厅的建筑面积计算不应包括建筑物内部的走廊,且计算时应按其围护结构外围水平面积计算,但在计算首层建筑面积时内墙水平面积不能重复计算。

错误计算方法2)回廊的建筑面积计算应按其层高不同分别计算建筑面积,而不是均按其结构底板水平面积计算。

8.如何计算架空走廊的建筑面积?

架空走廊分为以下三种情况:

(1)建筑物间有围护结构的架空走廊,应按其围护结构外围水平面积计算。层高在2.20m及以上者应计算全面积;层高不足2.20m者应计算1/2面积。

(2)有永久性顶盖无围护结构的应按其结构底板水平面积的1/2计算。

(3)无永久性顶盖的架空走廊不应计算建筑面积。

【例】 如图14所示为建筑物间架空走廊示意图,试计算其建筑面积。

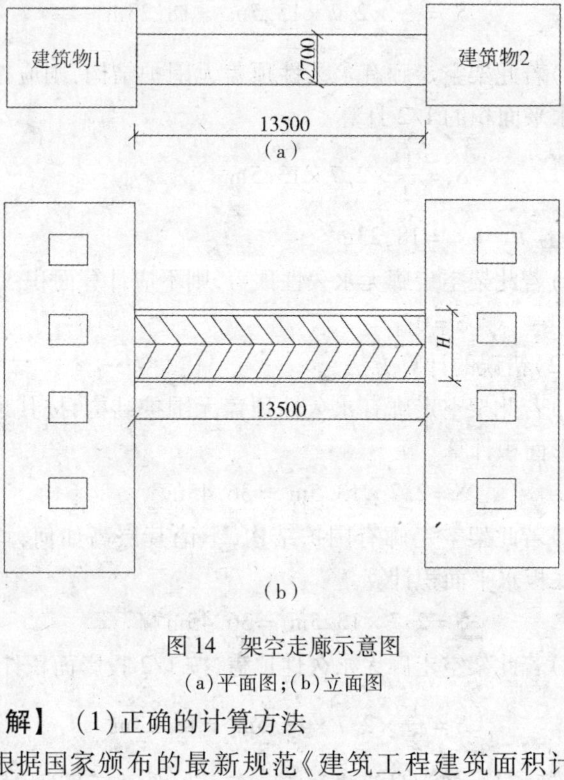

图14 架空走廊示意图

(a)平面图;(b)立面图

【解】 (1)正确的计算方法

根据国家颁布的最新规范《建筑工程建筑面积计算规范》(GB/T 50353—2005)可知架空走廊有以下三种情况:

1)架空走廊有围护结构

①当其层高≥2.20m 时,计算全面积。

$$S = 2.7 \times 13.5 \mathrm{m}^2$$
$$= 36.45 \mathrm{m}^2$$

②当其层高 $H < 2.20\mathrm{m}$ 时,计算 1/2 面积。

$$S = \frac{1}{2} \times 2.7 \times 13.5 \mathrm{m}^2 = 18.23 \mathrm{m}^2$$

2)若此架空走廊有永久性顶盖无围护结构,则应按结构底板水平面积的 1/2 计算。

$$S = \frac{1}{2} \times 2.7 \times 13.5 \mathrm{m}^2$$
$$= 18.23 \mathrm{m}^2$$

3)若此架空走廊无永久性顶盖,则不应计算面积。

$$S = 0$$

(2)错误的计算方法

1)若此架空走廊有永久性顶盖无围护结构,按其顶盖水平投影面积计算。

$$S = 2.7 \times 13.5 \mathrm{m}^2 = 36.45 \mathrm{m}^2$$

2)若此架空走廊有围护结构,不论其层高如何,均按其结构底板水平面积计算。

$$S = 2.7 \times 13.5 \mathrm{m}^2 = 36.45 \mathrm{m}^2$$

3)若此架空走廊无永久性顶盖,按 1/2 投影面积计算。

$$S = \frac{1}{2} \times 2.7 \times 13.5 \mathrm{m}^2 = 18.23 \mathrm{m}^2$$

【评析】 错误计算方法 1):有永久性顶盖无围护结构的架空走廊不应按全面积计算,而应按其结构底板水平面积的

1/2 计算。

错误计算方法 2)：当架空走廊有围护结构时，应按其高度不同分别计算建筑面积。

错误计算方法 3)：无永久性顶盖的架空走廊不应计算建筑面积。

9. 立体书库、立体仓库、立体车库的建筑面积应如何计算?

立体书库、立体仓库、立体车库的建筑面积计算分为以下两种情况：

(1)无结构层的应按一层计算建筑面积。

(2)有结构层的应按其结构层面积分别计算。

1)当层高 $H \geqslant 2.20$m 时，计算全面积。

2)当层高 $H < 2.20$m 时，计算 1/2 面积。

【例】 如图 15 所示为某立体书库示意图，试计算其建筑面积。

【解】 (1)正确的计算方法

如图 15 所示，该立体书库无结构层，则应按一层计算建筑面积。

$$
\begin{aligned}
S &= (9.6+0.24)\times(2.4+4.8+0.24)\text{m}^2 \\
&= 9.84\times7.44\text{m}^2 \\
&= 73.21\text{m}^2
\end{aligned}
$$

(2)错误的计算方法

$$
\begin{aligned}
S &= [(4.8+0.12)\times(9.6+0.24)\times7+(4.8+ \\
&\quad 2.4+0.24)\times(9.6+0.24)]\text{m}^2 \\
&= (338.89+73.21)\text{m}^2 \\
&= 412.1\text{m}^2
\end{aligned}
$$

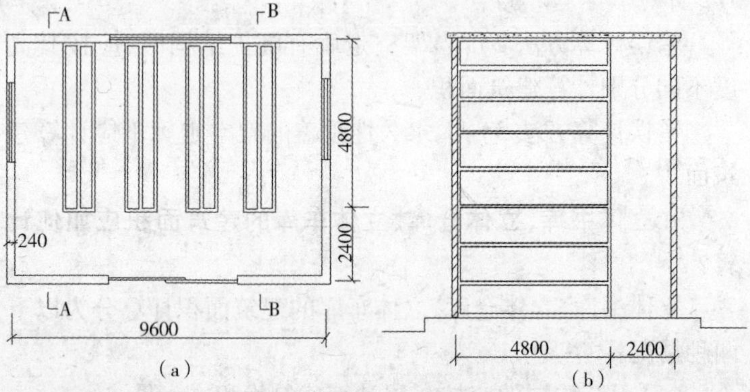

图 15　立体书库示意图

(a)平面图;(b)A—A 剖面图

【评析】 错误的计算方法(2)计算时多算了二层及二层以上书架所占建筑面积,由于该书库没有结构层,不能算书架二层及二层以上面积,只能按一层建筑面积计算。设有结构层的书库见下例中计算方法。

【例】 如图 16 所示为某书库剖面图,平面图如图 15(a)所示,试计算该书库建筑面积。

【解】 (1)正确的计算方法

如图 16 所示,该立体书库设有结构层,一、二层层高 $H_1 = 1.8\text{m} < 2.20\text{m}$, $H_2 = 2.10\text{m} < 2.20\text{m}$;三层层高 $H_3 = 2.40\text{m} > 2.20\text{m}$,根据国家颁布的最新规范《建筑工程建筑面积计算规范》(GB/T 50353—2005)计算其建筑面积如下:

$$S = [(2.4 + 0.12) \times (9.6 + 0.24) + (4.8 + 0.12) \times (9.6 + 0.24) \times (\frac{1}{2} + \frac{1}{2} + 1)]\text{m}^2$$

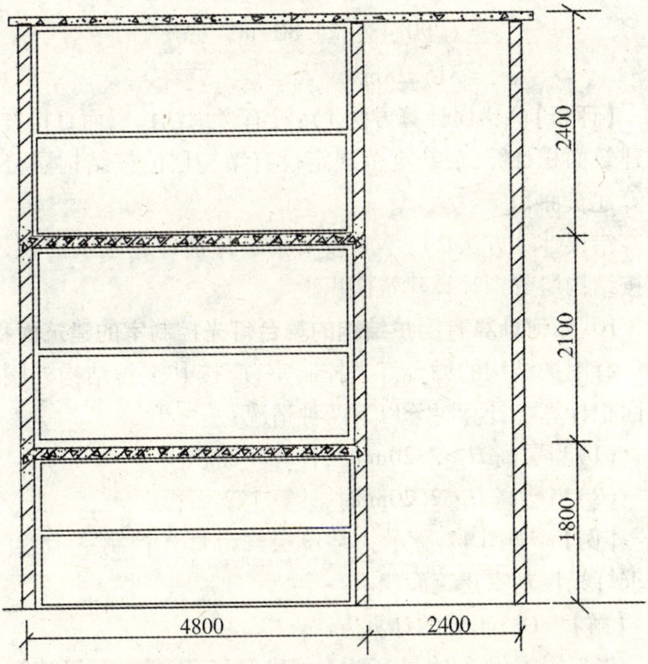

图16　B－B剖面图

$$=(24.80+96.82)\text{m}^2$$
$$=121.62\text{m}^2$$

（2）错误的计算方法

1）无论是否设有结构层，均按一层计算建筑面积。

$$S=(9.6+0.24)\times(4.8+0.24+2.4)\text{m}^2$$
$$=73.21\text{m}^2$$

2）按书架层计算建筑面积如下：

$$S=[(4.8+0.12)\times(9.6+0.24)\times6+(2.4+$$

$0.12)\times(9.6+0.24)]\mathrm{m}^2$

$=(290.48+24.80)\mathrm{m}^2$

$=315.28\mathrm{m}^2$

【评析】 错误计算方法1):没有考虑结构层而直接按一层建筑面积计算,最新规范规定设有结构层的按结构层分别计算建筑面积。

错误计算方法2):不应按书架层分别计算建筑面积,而应按结构层分别计算建筑面积。

10. 如何计算有围护结构的舞台灯光控制室的建筑面积?

有围护结构的舞台灯光控制室,应按其围护结构外围水平面积计算。计算时分以下两种情况:

(1)当层高 $H\geqslant 2.20\mathrm{m}$ 时,计算全面积。

(2)当层高 $H<2.20\mathrm{m}$ 时,计算1/2面积。

【例】 如图17所示为某单层舞台灯光控制室示意图,试求灯光控制室建筑面积。

【解】 (1)正确的计算方法

根据国家颁布的最新规范《建筑工程建筑面积计算规范》(GB/T 50353—2005),可分以下两种情况计算:

1)当层高 $H\geqslant 2.20\mathrm{m}$ 时,其建筑面积为:

$$S=(3.6+0.24+3.6\times2+0.24)\times(15.0+0.24)\times\frac{1}{2}\mathrm{m}^2$$

$$=11.28\times15.24\times\frac{1}{2}\mathrm{m}^2$$

$$=85.95\mathrm{m}^2$$

2)当层高 $H<2.20\mathrm{m}$ 时,其建筑面积为:

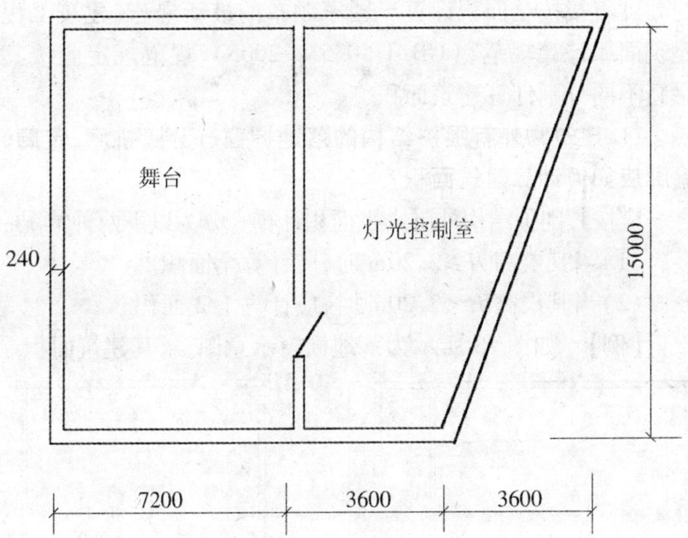

图 17　某舞台灯光控制室

$$S = 85.95 \times \frac{1}{2} \mathrm{m}^2 = 42.98 \mathrm{m}^2$$

(2)错误的计算方法

不论其层高如何,均按一层面积乘以层数计算建筑面积。

$$S = (3.6 + 0.24 + 3.6 \times 2 + 0.24) \times (15.0 + 0.24) \times \frac{1}{2} \mathrm{m}^2$$

$$= 11.28 \times 15.24 \times \frac{1}{2} \mathrm{m}^2$$

$$= 85.95 \mathrm{m}^2$$

【评析】 错误的计算方法(2)没有区分舞台灯光控制室

的高度直接按全面积计算。国家颁布的最新规范《建筑工程建筑面积计算规范》(GB/T 50353—2005),规范规定应按其层高不同分别计算建筑面积。

11. 建筑物外有围护结构的落地橱窗、门斗、挑廊、走廊、檐廊应如何计算建筑面积?

应按其围护结构外围水平面积计算。分为以下两种情况:

(1)当其层高 $H \geqslant 2.20$m 时,应计算全面积。

(2)当其层高 $H < 2.20$m 时,应计算 1/2 面积。

【例】 如图 18 所示为落地橱窗示意图,求其建筑面积。

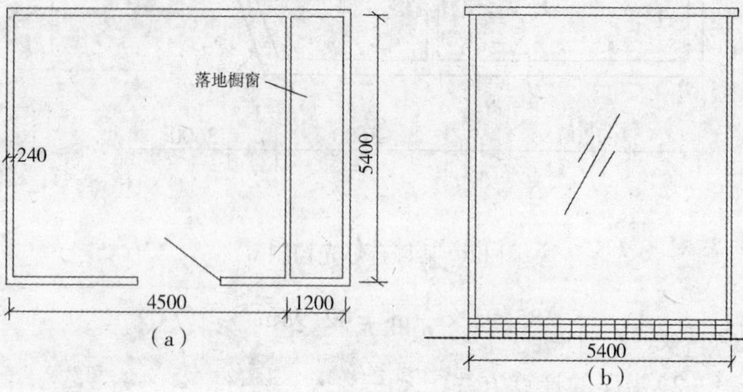

图 18 落地橱窗示意图

(a)平面图;(b)东立面图

【解】 (1)正确的计算方法

根据国家颁布的最新规范《建筑工程建筑面积计算规范》(GB/T 50353—2005)可分为以下两种情况:

1)当其层高 $H \geqslant 2.20$m 时,其建筑面积为:

$$S = (1.2 + 0.12) \times (5.4 + 0.24)\text{m}^2$$
$$= 1.32 \times 5.64\text{m}^2$$

$=7.44\text{m}^2$

2）当其层高 $H<2.20\text{m}$ 时，其建筑面积为：

$$S=(1.2+0.12)\times(5.4+0.24)\times\frac{1}{2}\text{m}^2$$

$$=1.32\times5.64\times\frac{1}{2}\text{m}^2$$

$$=3.72\text{m}^2$$

（2）错误的计算方法

不论落地橱窗层高如何均按全面积计算。

$$S=(1.2+0.12)\times(5.4+0.24)\text{m}^2$$

$$=7.44\text{m}^2$$

【评析】 错误计算方法（2）没有区分其层高分别计算建筑面积，国家颁布的最新规范规定应以 2.20m 为界分别计算建筑面积。

【例】 如图 12 所示，计算门斗建筑面积。

【解】 （1）正确的计算方法

按其围护结构外围水平面积计算，分以下两种情况：

1）当门斗层高 $H\geqslant2.20\text{m}$ 时，按全面积计算。

$$S=(3.6+0.12)\times(1.8-0.12+0.06)\text{m}^2$$

$$=3.72\times1.74\text{m}^2$$

$$=6.47\text{m}^2$$

2）当门斗层高 $H<2.20\text{m}$ 时，按 1/2 面积计算。

$$S=(3.6+0.12)\times(1.8-0.12+0.06)\times\frac{1}{2}\text{m}^2$$

$$=3.72\times1.74\times\frac{1}{2}\text{m}^2$$

$$=3.24\text{m}^2$$

(2)错误的计算方法

不论门斗高度如何均按其外围结构水平面积计算。

$$S=(3.6+0.12)\times(1.8-0.12+0.06)m^2$$
$$=3.72\times1.74m^2$$
$$=6.47m^2$$

【评析】 错误的计算方法(2)没有区分门斗高度分别计算建筑面积,应按其高度不同分别计算建筑面积,层高在2.20m及以上的计算全面积,层高在2.20m以下的计算1/2面积。

【例】 如图19所示,某小学教学楼示意图,试计算挑廊建筑面积。

【解】 (1)正确的计算方法

根据国家最新颁布的规范《建筑工程建筑面积计算规范》(GB/T 50353—2005)计算该挑廊建筑面积如下:

由于挑廊层高 H 均为3.0m,大于2.20m,故应按全面积计算其建筑面积。

$$S=(2.4+0.24)\times(21.0+0.24)\times5m^2$$
$$=56.07\times5m^2=280.37m^2$$

(2)错误的计算方法

$$S=2.4\times(21.0+0.24)\times5m^2$$
$$=50.98\times5m^2=254.88m^2$$

【评析】 错误计算方法(2)是按其挑出宽度乘以总长度计算的建筑面积,而正确的计算方法应该是按挑廊围护结构的外围水平面积计算。

【例】 如图19所示,若此建筑物五层层高 $H_5=2.10m$,下面四层层高均为3.0m即 $H_1=H_2=H_3=H_4=3.0m$,试计算挑廊建筑面积。

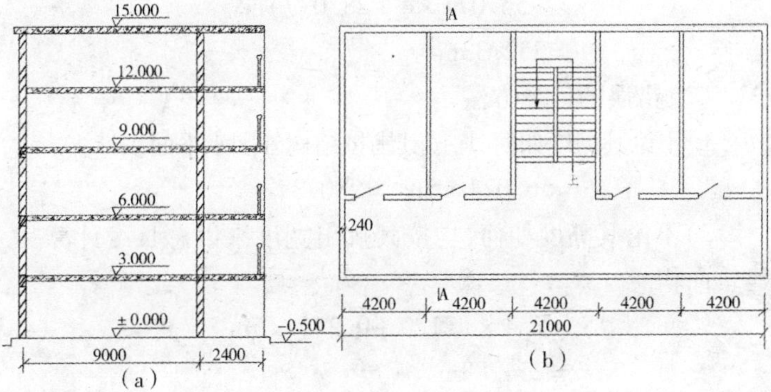

图 19 某小学教学楼

(a)剖面图;(b)平面图

【解】 (1)正确的计算方法

1)因为 $H_5=2.10\text{m}<2.20\text{m}$,故第五层挑廊建筑面积应按其围护结构外围水平面积的 1/2 计算。

$$S_5=(2.4+0.24)\times(21.0+0.24)\times\frac{1}{2}\text{m}^2$$
$$=2.64\times21.24\times\frac{1}{2}\text{m}^2$$
$$=28.037\text{m}^2$$

2)因为 $H_1=H_2=H_3=H_4=3.0\text{m}>2.20\text{m}$,故一至四层挑廊建筑面积应按其围护结构外围水平面积计算。

$$S_1=S_2=S_3=S_4=(2.4+0.24)\times(21.0+0.24)\text{m}^2$$
$$=2.64\times21.24\text{m}^2$$
$$=56.074\text{m}^2$$

3)综上所述,挑廊建筑面积为:

$$
\begin{aligned}
S &= S_1 + S_2 + S_3 + S_4 + S_5 \\
&= (56.074 \times 4 + 28.037)\,\mathrm{m}^2 \\
&= 252.33\mathrm{m}^2
\end{aligned}
$$

(2)错误的计算方法

1)不论其高度如何,均按其围护结构外围水平面积计算。

$$S = 56.074 \times 5\mathrm{m}^2 = 280.37\mathrm{m}^2$$

2)不论其高度如何,均按其挑出宽度乘以总长度计算其建筑面积。

$$
\begin{aligned}
S &= 2.4 \times (21.0 + 0.24) \times 5\mathrm{m}^2 \\
&= 254.88\mathrm{m}^2
\end{aligned}
$$

【评析】 错误的计算方法1):没有区分各层高度如何,直接是按全面积计算,应该根据其高度不同分别计算其建筑面积。

错误的计算方法2):不但没有区分其高度分别计算建筑面积,而且不应按挑出宽度乘以总长度计算,而是应区分其高度不同分别按其围护结构外围水平面积的1/2或全面积计算挑廊建筑面积。

【例】 如图20所示,某建筑物平面图和立面图,试计算走廊建筑面积。

【解】 (1)正确的计算方法

根据国家颁布的最新规范《建筑工程建筑面积计算规范》(GB/T 50353—2005)计算如下:

$$
\begin{aligned}
S &= (2.1 + 0.24) \times (15.6 + 0.24) \times (1 + \frac{1}{2} \times 4)\mathrm{m}^2 \\
&= 2.34 \times 15.84 \times 3\mathrm{m}^2 \\
&= 111.20\mathrm{m}^2
\end{aligned}
$$

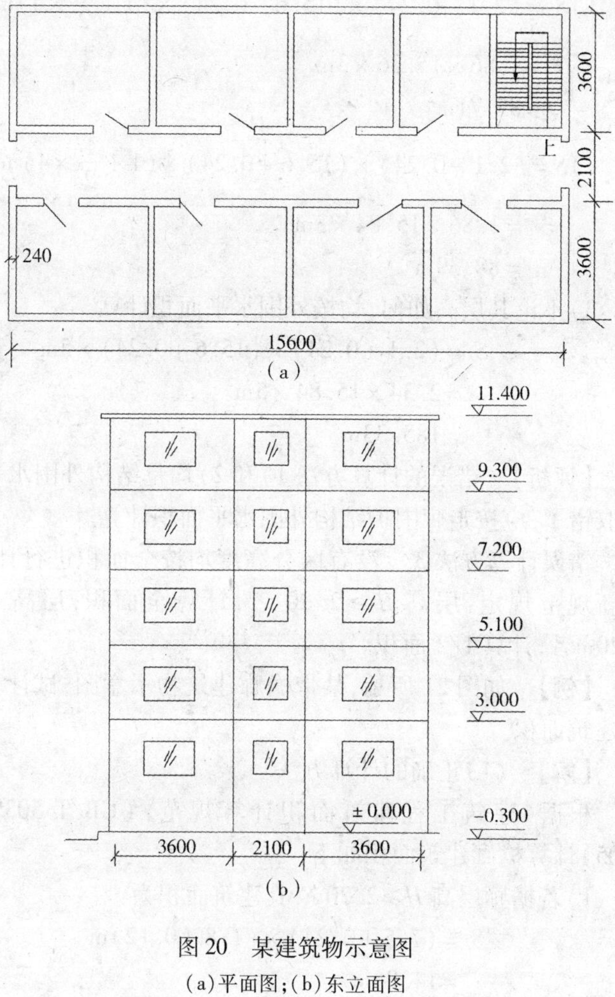

图 20　某建筑物示意图

(a)平面图;(b)东立面图

(2)错误的计算方法

1) $S=(2.1-0.24)\times(15.6-0.24)\times(1+\frac{1}{2}\times4)\text{m}^2$

$=1.86\times15.36\times3\text{m}^2$

$=85.71\text{m}^2$

2) $S=(2.1-0.24)\times(15.6+0.24)\times(1+\frac{1}{2}\times4)\text{m}^2$

$=1.86\times15.84\times3\text{m}^2$

$=88.39\text{m}^2$

3)不论其层高如何,均按外围水平面积计算。

$S=(2.1+0.24)\times(15.6+0.24)\times5\text{m}^2$

$=2.34\times15.84\times5\text{m}^2$

$=185.33\text{m}^2$

【评析】 错误的计算方法1)和2)均是结构外围水平面积取错了,应按走廊围护结构外围水平面积计算。

错误计算方法3):没有区分高度均按全面积进行计算,而新规范规定:层高 $H\geq2.20$ 者,计算全面积;层高 $H<2.20\text{m}$ 者,计算1/2面积。

【例】 如图21所示,某带檐廊建筑物示意图,试计算檐廊建筑面积。

【解】 (1)正确的计算方法

根据《建筑工程建筑面积计算规范》(GB/T 50353—2005)计算檐廊建筑面积如下:

1)若檐廊层高 $H\geq2.20\text{m}$,其建筑面积为:

$S=(7.5+0.24)\times(1.8+0.12)\text{m}^2$

$=14.86\text{m}^2$

2)若檐廊层高 $H<2.20\text{m}$,其建筑面积为:

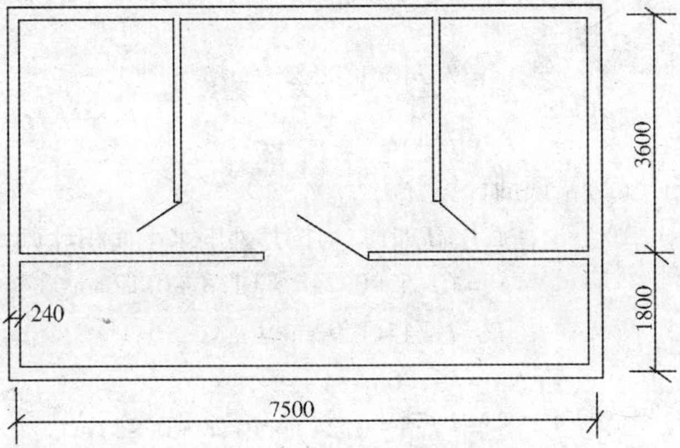

（a）

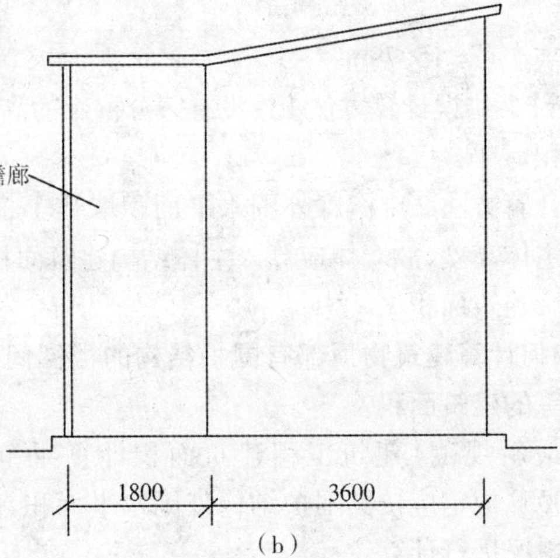

（b）

图 21　檐廊示意图

(a)平面图;(b)东立面图

$$S = (7.5 + 0.24) \times (1.8 + 0.12) \times \frac{1}{2} \text{m}^2$$
$$= 7.74 \times 1.92 \times \frac{1}{2} \text{m}^2$$
$$= 7.43 \text{m}^2$$

(2)错误的计算方法

1)不论檐廊层高如何,均按其外围水平面积计算。

$$S = (7.5 + 0.24) \times (1.8 + 0.12) \text{m}^2$$
$$= 7.74 \times 1.92 \text{m}^2$$
$$= 14.86 \text{m}^2$$

2)
$$S = (7.5 + 0.24) \times (1.8 + 0.24) \text{m}^2$$
$$= 7.74 \times 2.04 \text{m}^2$$
$$= 15.79 \text{m}^2$$

【评析】 错误计算方法1):没有区分檐廊的高度分别计算建筑面积。

错误计算方法2):檐廊外围水平面积取错了,因檐廊的高度小于主体高度,故墙体应算入主体结构建筑面积中,而不是算入檐廊建筑面积。

12. 如何计算建筑物顶部有围护结构的楼梯间、水箱间、电梯机房等的建筑面积?

根据最新规范《建筑工程建筑面积计算规范》(GB/T 50353—2005)规定应按其围护结构外围水平面积计算,可分以下两种情况进行计算:

(1)层高 $H \geqslant 2.20\text{m}$ 时,计算全面积。

(2)层高 $H < 2.20\text{m}$ 时,计算1/2面积。

【例】 如图22所示,试计算楼梯间的建筑面积。

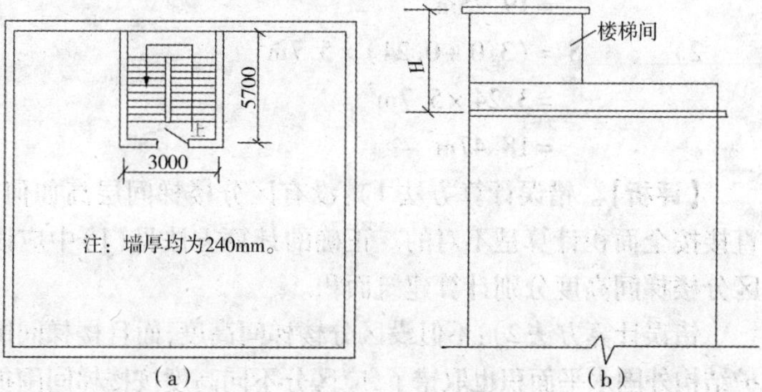

图 22　屋顶楼梯间

（a）平面图；（b）西立面图

【解】（1）正确的计算方法

1）当楼梯间层高 $H \geqslant 2.20$m 时，其建筑面积为：

$$S = (3.0 + 0.24) \times (5.7 + 0.24)\,m^2 = 3.24 \times 5.94\,m^2 = 19.25\,m^2$$

2）当楼梯间层高 $H < 2.20$m 时，其建筑面积为：

$$S = (3.0 + 0.24) \times (5.7 + 0.24) \times \frac{1}{2}\,m^2 = 3.24 \times 5.94 \times \frac{1}{2}\,m^2 = 9.62\,m^2$$

（2）错误的计算方法

1）不论其高度如何均按全面积计算

$$S = (3.0 + 0.24) \times (5.7 + 0.24)\,m^2 = 3.24 \times 5.94\,m^2$$

$$=19.25m^2$$

2) $$S=(3.0+0.24)\times5.7m^2$$

$$=3.24\times5.7m^2$$

$$=18.47m^2$$

【评析】 错误计算方法1)：没有区分楼梯间层高如何，直接按全面积计算是不对的。正确的计算方法见(1)中应该区分楼梯间高度分别计算建筑面积。

错误计算方法2)：不但没区分楼梯间高度，而且楼梯间围护结构外围水平面积也取错了，应区分不同高度按楼梯间围护结构外围水平面积的全面积或1/2面积计算其建筑面积。

注：建筑物顶部有围护结构的水箱间和电梯机房的建筑面积计算方法与屋顶有围护结构的楼梯间的建筑面积计算方法相同。

13. 设有围护结构不垂直于水平面而超出底板外沿的建筑物，应该如何计算其建筑面积？

应按其底板面的外围水平面积计算，分以下两种情况：

(1)当其层高 $H\geq2.20m$ 时，计算全面积。

(2)当其层高 $H<2.20m$ 时，计算1/2面积。

14. 建筑物内的室内楼梯间、电梯井、观光电梯井、提物井、管道井、通风排气竖井、垃圾道、附墙烟囱等应如何计算其建筑面积？

应按建筑物的自然层计算其建筑面积。

【例】 如图19所示，试计算楼梯间的建筑面积。

【解】 (1)正确的计算方法

根据最新规范《建筑工程建筑面积计算规范》(GB/T 50353—2005)可知其建筑面积为：

$$S=(9.0+0.24)\times(4.2+0.24)\times5m^2$$

$= 9.24 \times 4.44 \times 5\text{m}^2$

$= 41.03 \times 5\text{m}^2$

$= 205.13\text{m}^2$

(2)错误的计算方法

$S = (9.0 + 0.24) \times (4.2 + 0.24) \times 4\text{m}^2$

$= 9.24 \times 4.44 \times 4\text{m}^2$

$= 164.10\text{m}^2$

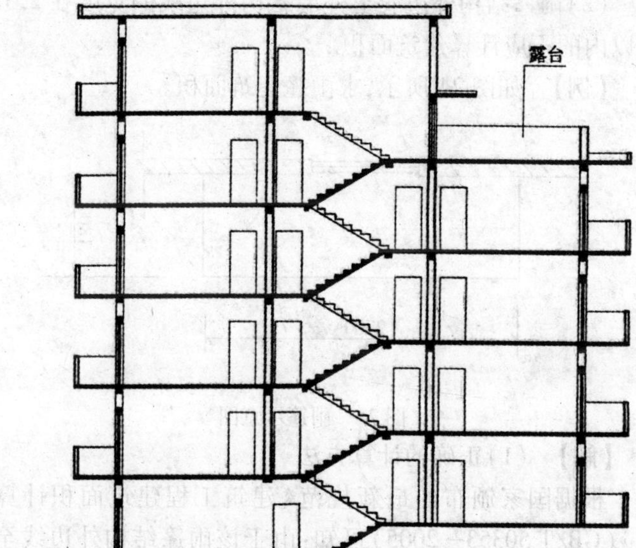

图 23　户室错层剖面示意图

注：建筑物室内的观光电梯井、提物井、管道井、通风排气竖井、垃圾道、附墙烟囱建筑面积计算方法与室内楼梯间相同。

【评析】　室内楼梯间的面积计算，应按楼梯依附的建筑物的自然层计算并在建筑物面积内。遇跃层建筑，其共用的室内楼梯应按自然层计算面积；上下两错层户室共用的室内楼梯，应选上一层的自然层计算面积。（如图 23 所示）

15. 如何计算雨篷的建筑面积？

雨篷建筑面积计算分以下两种情况：

（1）雨篷结构的外边线至外墙结构外边线的宽度超过 2.10m 时，按雨篷结构板的水平投影面积的 1/2 计算。

（2）雨篷结构外边线至外墙结构外边线的宽度在 2.10m 及以内的不应计算建筑面积。

【例】 如图 24 所示，求雨篷建筑面积。

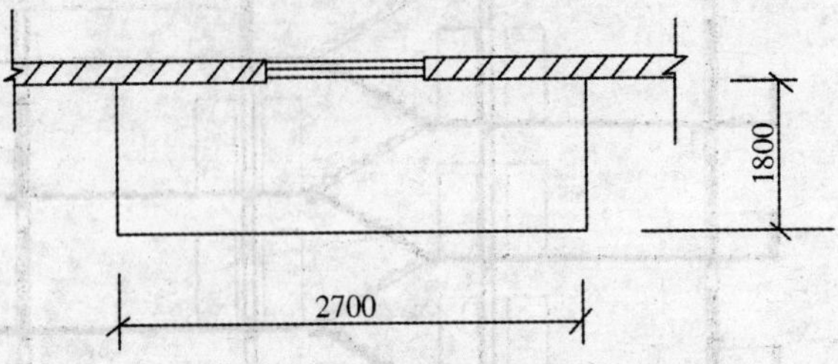

图 24　雨篷示意图

【解】（1）正确的计算方法

根据国家颁布的最新规范《建筑工程建筑面积计算规范》（GB/T 50353—2005）可知：由于该雨篷结构外边线至外墙外边线的距离为 1.80m < 2.10m，故该雨篷不应计算建筑面积。

（2）错误的计算方法

$$S = 2.7 \times 1.8 \times \frac{1}{2} \mathrm{m}^2$$

$$=2.43\text{m}^2$$

【评析】 由于最新规范规定雨篷结构外边线突出外墙外边线的距离小于等于2.10m时不应计算建筑面积。

雨篷均以其宽度超过2.10m或不超过2.10m衡量，超过2.10m者应按雨篷的结构板水平投影面积的1/2计算。有柱雨篷和无柱雨篷计算应一致。

【例】 如图25所示为有柱雨篷，试计算其建筑面积。

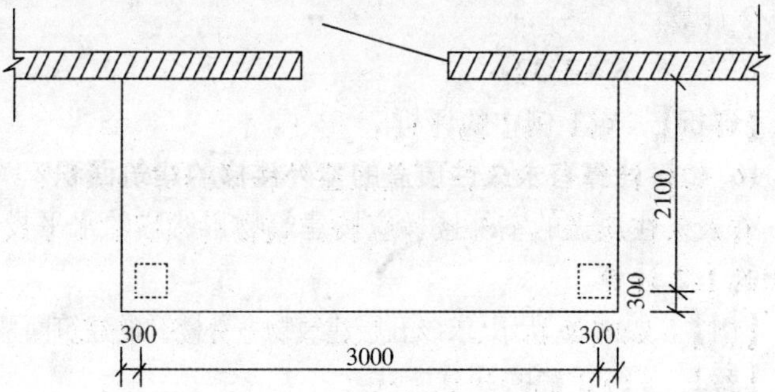

图25 有柱雨篷示意图

【解】 (1)正确的计算方法

雨篷结构外边线突出外墙外边线的宽度为 $L=(2.1+0.3)\text{m}=2.4\text{m}>2.10\text{m}$，故应按其结构底板水平投影面积的1/2计算。

$$S=(3.0+0.3\times2)\times(2.1+0.3)\times\frac{1}{2}\text{m}^2$$

$$=3.6\times2.4\times\frac{1}{2}\text{m}^2$$

$$=8.64\times\frac{1}{2}\text{m}^2=4.32\text{m}^2$$

(2)错误的计算方法

1)根据1982年颁布的《建筑面积计算规则》和1995年颁布的《全国统一建筑工程预算工程量计算规则》(GJD_{GZ}—101—95),有柱雨篷按柱外围水平面积计算。

$$S=3.0\times2.1\text{m}^2=6.3\text{m}^2$$

2)若此雨篷只有一个柱子,则应按其顶盖水平投影面积的1/2计算。

$$S=4.32\text{m}^2$$

【评析】 同上例中的评析。

16. 如何计算有永久性顶盖的室外楼梯的建筑面积?

有永久性顶盖的室外楼梯应按建筑物自然层的水平投影面积的1/2计算。

【例】 如图26所示,求该五层建筑物室外楼梯的建筑面积。

【解】 (1)正确的计算方法

1)当顶层楼梯也有顶盖时,其建筑面积为:

$$S=(3.9+0.24)\times2.7\times5\text{m}^2$$
$$=4.14\times2.7\times5\text{m}^2$$
$$=55.89\text{m}^2$$

2)当顶层无顶盖时,其建筑面积为:

$$S=(3.9+0.24)\times2.7\times4\text{m}^2$$
$$=4.14\times2.7\times4\text{m}^2$$
$$=44.71\text{m}^2$$

(2)错误的计算方法

1)不论顶层是否有顶盖,均按自然层水平投影面积计

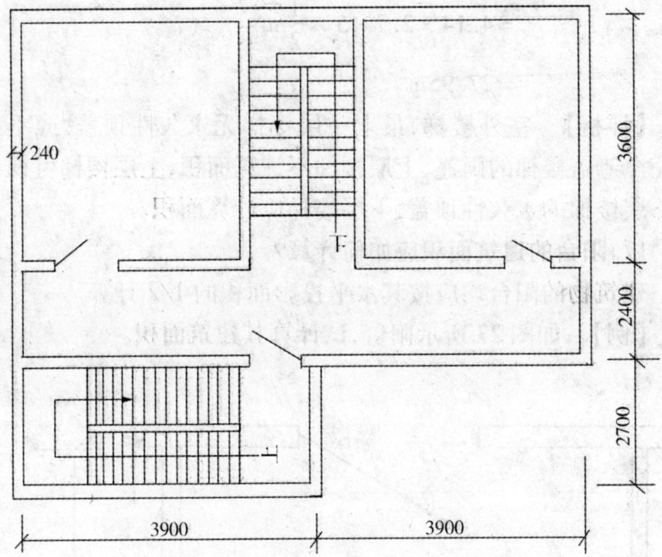

图 26　某建筑物平面图(标准层)

算,《全国统一建筑工程预算工程量计算规则》(土建工程)

$$S = (3.9 + 0.24) \times 2.7 \times 5\text{m}^2$$
$$= 4.14 \times 2.7 \times 5\text{m}^2$$
$$= 55.89\text{m}^2$$

2)根据 1982 年颁布的《建筑面积计算规则》,室外楼梯做为主要通道和用于疏散的均按每层水平投影面积计算建筑面积;楼内有楼梯时,室外楼梯按其水平投影面积的 1/2 计算。

如图 26 所示,该建筑物有室内楼梯,则室外楼梯建筑面积为:

$$S = (3.9 + 0.24) \times 2.7 \times 5 \times \frac{1}{2}\text{m}^2$$

$$=4.14\times2.7\times5\times\frac{1}{2}m^2$$

$$=27.95m^2$$

【评析】 室外楼梯，最上一层楼梯无永久性顶盖，或不能完全遮盖楼梯的雨篷，上层楼梯不计算面积，上层楼梯可视为下层楼梯的永久性顶盖，下层楼梯应计算面积。

17. **阳台的建筑面积应如何计算？**

建筑物的阳台均应按其水平投影面积的1/2计算。

【例】 如图27所示阳台，试计算其建筑面积。

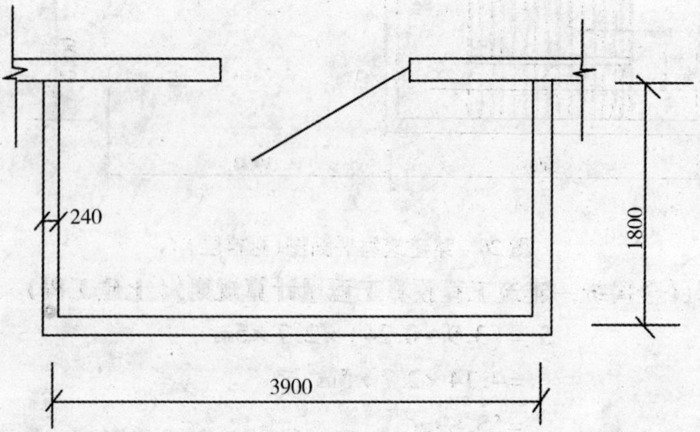

图27 挑阳台示意图

【解】 (1)正确的计算方法

根据国家颁布的最新规范《建筑工程建筑面积计算规范》(GB/T 50353—2005)计算其建筑面积如下：

$$S=(3.9+0.24)\times1.8\times\frac{1}{2}m^2$$

$$=4.14\times1.8\times\frac{1}{2}\text{m}^2$$

$$=3.73\text{m}^2$$

(2)错误的计算方法

1)有围护结构的阳台,按自然层计算建筑面积,即阳台建筑面积为:

$$S=(3.9+0.24)\times1.8\text{m}^2$$

$$=4.14\times1.8\text{m}^2$$

$$=7.45\text{m}^2$$

2)当该阳台无围护结构时,按其水平面积的1/2计算建筑面积。

$$S=(3.9+0.24)\times1.8\times\frac{1}{2}\text{m}^2$$

$$=4.14\times1.8\times\frac{1}{2}\text{m}^2$$

$$=3.73\text{m}^2$$

【评析】 最新规范规定,建筑物的阳台,不论是凹阳台、挑阳台、封闭阳台、不封闭阳台均按其水平投影面积的1/2计算。

18. 有永久性顶盖无围护结构的车棚、货棚、站台、加油站、收费站等,应如何计算建筑面积?

《建筑工程建筑面积计算规范》(GB/T 50353—2005)规定有永久性顶盖无围护结构的车棚、货棚、站台、加油站、收费站等,应按其顶盖水平投影面积的1/2计算。

【例】 如图28所示,试计算该站台建筑面积。

【解】 (1)正确的计算方法

根据《建筑工程建筑面积计算规范》(GB/T 50353—

2005)可知该站台建筑面积为：

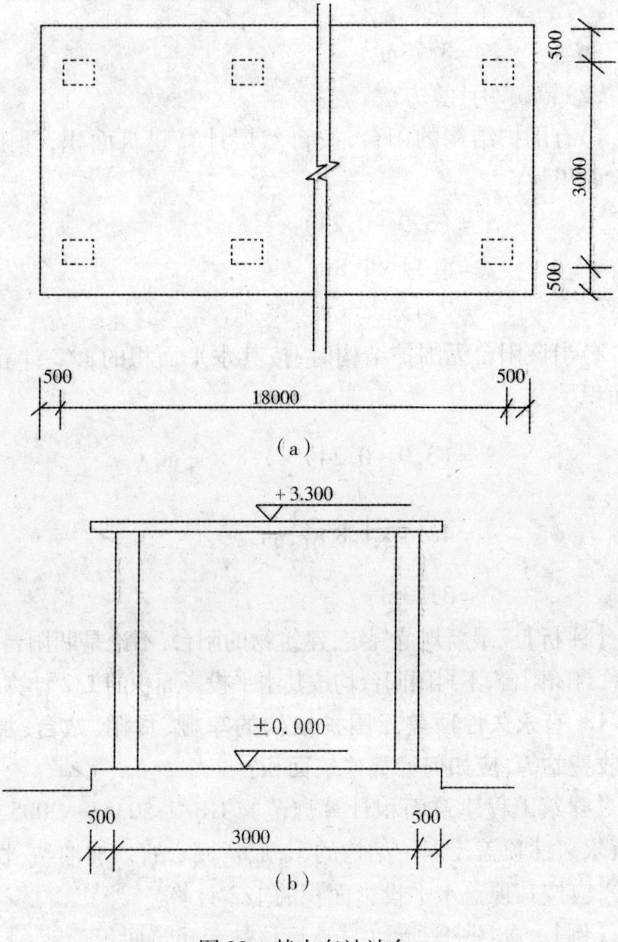

图 28　某火车站站台

(a)平面图；(b)立面图

$$S=(3.0+0.5\times2)\times(18.0+0.5\times2)\times\frac{1}{2}\text{m}^2$$

$$=4.0\times19.0\times\frac{1}{2}\text{m}^2$$

$$=38.0\text{m}^2$$

(2)错误的计算方法

根据1982年颁布的《建筑面积计算规则》和1995年颁布的《全国统一建筑工程预算工程量计算规则》(土建工程)GJD_{GZ}—101—95规定计算该站台建筑面积如下:

$$S=3.0\times18.0\text{m}^2$$

$$=54.0\text{m}^2$$

【评析】 由于建筑技术的发展,出现许多新型结构,如柱不再是单纯的直立的柱,而出现正V形柱、倒V形柱等不同类型的柱,给面积计算带来许多争议,因此我们现在不以柱来确定面积的计算,而依据顶盖的水平投影面积计算。在车棚、货棚、站台、加油站、收费站内设有围护结构的管理室、休息室等,另按《建筑工程建筑面积计算规范》(GB/T 50353—2005)相关条款计算面积。

19. 高低联跨的建筑物的建筑面积如何计算?

高低联跨的建筑物,应以高跨结构外边线为界分别计算建筑面积。

【例】 如图29所示高低联跨建筑物,试计算其建筑面积。

【解】 (1)正确的计算方法

根据《建筑工程建筑面积计算规范》(GB/T 50353—2005)可知该建筑物建筑面积应以高跨外边线为界分别计算建筑面积。

$$S_{高} = (4.5 + 0.24) \times (11.7 + 0.24) \times 4\text{m}^2$$
$$= 56.60 \times 4\text{m}^2$$
$$= 226.40\text{m}^2$$

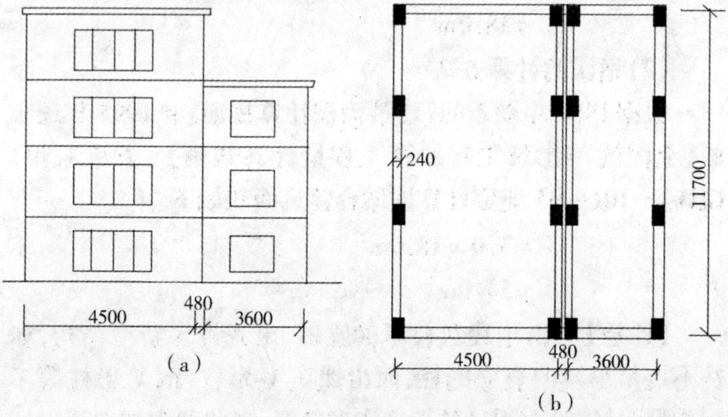

图 29　某高低联跨建筑物

(a)立面图;(b)水平断面图

$$S_{低} = (3.6 + 0.24) \times (11.7 + 0.24) \times 3\text{m}^2$$
$$= 3.84 \times 11.94 \times 3\text{m}^2$$
$$= 45.84 \times 3\text{m}^2 = 137.55\text{m}^2$$

伸缩缝的建筑面积：

$$S_{伸} = (0.48 - 0.24) \times (11.7 + 0.24)\text{m}^2$$
$$= 0.24 \times 11.94\text{m}^2$$
$$= 2.87\text{m}^2$$

故该高低联跨的建筑物的建筑面积为：

$$S_{总高} = S_{高} + S_{伸} \times 4$$
$$= (226.40 + 2.87 \times 4)\text{m}^2$$

$= 237.76\text{m}^2$

$S_{低} = 137.55\text{m}^2$

$S_{总} = (237.76 + 137.55)\text{m}^2$

$= 375.31\text{m}^2$

(2)错误的计算方法

该建筑物建筑面积为：

$S_{总} = S_{高} + S_{低}$

$= (226.40 + 137.55)\text{m}^2$

$= 363.95\text{m}^2$

【评析】 错误计算方法(2)没有把变形缝的建筑面积合并在建筑物面积内。且此处伸缩缝建筑面积应并在高跨建筑面积内，高、低跨建筑物建筑面积分开计算建筑面积。

20. 伸缩缝建筑面积应如何计算?

建筑物的变形缝，应按其自然层合并在建筑物面积内计算：高低联跨的建筑物，若内部连通，则变形缝应计算在低跨面积内。